新孵化手册
The New
Incubation Book

[英] 亚瑟·安德森·布朗 & 盖瑞·罗宾斯　著

张敬　王伟　由玉岩　译

John Corder　Richard Edgell　技术顾问

中国社会出版社

国家一级出版社·全国百佳图书出版单位

图书在版编目（CIP）数据

新孵化手册／（英）亚瑟·安德森·布朗，（英）盖瑞·罗宾斯著；张敬，王伟，由玉岩译.—北京：中国社会出版社，2019.11

（圈养野生动物技术丛书／李晓光主编）

书名原文：The new incubation book

ISBN 978-7-5087-6237-1

Ⅰ.①新… Ⅱ.①亚… ②盖… ③张… ④王… ⑤由…

Ⅲ.①鸟类—畜禽育种—孵化—手册 Ⅳ.①S814.5-62

中国版本图书馆 CIP 数据核字（2019）第 227779 号

书　　名：	新孵化手册
著　　者：	亚瑟·安德森·布朗　盖瑞·罗宾斯
译　　者：	张　敬　王　伟　由玉岩

出 版 人：	浦善新
终 审 人：	李　浩
责任编辑：	陈　琛

出版发行：中国社会出版社　邮政编码：100032

通联方式：北京市西城区二龙路甲 33 号

电　　话：编辑室：（010）58124835

　　　　　销售部：（010）58124836

　　　　　传　真：（010）58124836

网　　址：www.shcbs.com.cn

　　　　　shcbs.mca.gov.cn

经　　销：各地新华书店

中国社会出版社天猫旗舰店

印刷装订：中国电影出版社印刷厂

开　　本：145mm×210mm　1/32

印　　张：10.5

字　　数：200 千字

版　　次：2019 年 11 月第 1 版

印　　次：2019 年 11 月第 1 次印刷

定　　价：63.00 元

中国社会出版社微信公众号

《圈养野生动物技术》系列丛书
编辑委员会

在此书中文版编辑出版的过程中，原书作者盖瑞·罗宾斯先生于 2019 年 9 月 16 日永远离开了我们。且以《新孵化手册》中文版的成功出版，向盖瑞·罗宾斯先生致以最崇高的敬意。

During the process of publishing the Chinese version of the New Incubation Book, the Author, Mr. Gary Robbins passed away on 16th September 2019. We would like give the highest tribute to Mr. Gary Robbins with the Chinese version of New Incubation Book.

总　序

1906 年，在北京市西郊建立的饲养狮子、猕猴等野生动物的"万牲园"，是我国动物园的雏形，也是北京动物园的前身。

20 世纪 50 年代是我国动物园建设首个高峰期，许多城市开始兴建动物园。70—80 年代是我国动物园建设的第二个高峰期，各个直辖市、省会（首府）城市基本都有了动物园。20 世纪末，野生动物园在国内出现，以散养、混养、车览模式，展出了大批国（境）外物种，且国内开始建设海洋馆，出现了第三个动物园发展高峰。21 世纪以来，以动物园为中心的综合旅游项目越来越多，成为拉动地方经济、文化发展的重要动力。目前，我国几乎各大主要城市乃至经济发达的小型城市都有了动物园，城市动物园的数量近 300 家，还有数百个海洋馆、野生动物园、专类公园等。另外，个人饲养野生动物也越来越多，成为不可忽视的现象。

20 世纪 50 年代，北京动物园邀请苏联专家讲授动物园的经营管理知识、野生动物饲养技术，这是我国动物园首次系统接受现代动物园的知识和理念。60 年代早期，北京动物园成立了专门的科学技术委员会，开始了野生动物饲养繁殖技术研究，积累了大量野生动物饲养管理、疾病防治经验。70 年代，我国动物园行业建立了科技情报网，整理印刷了《中国动物园年刊》《中国动物园通讯》等，加强了动物园之间的技术交流。改革开放后，随着国际上人员、技术、动物交流增加，环境丰容、动物训练等理念被吸收进来。中国动物园协会、中国野生动物保护协会都通过举办各种专业技术培训班，加强了大家对野生动物的认识，进一步提高了动物园的技术水平，促进了动物园行业的发展。

改革开放以来，国内动物园的规模不断发展，圈养野生动物技术水平也在不断提高。随着我国经济水平的提高，动物园的经营理念也随之发展，动物展示、休闲娱乐、教育保护、科学研究等功能得到不同程度的体现，动物福利、动物种群理念也进入到管理工作中。但是，我国动物园仍处于现代动物园初级阶段，专业的饲养人员、技术人员、管理人员严重不足，缺乏系统的技术知识；仍以粗放型、经验型管理为主；动物福利保障与展示需要之间出现矛盾；保护动物意识有待进一步加强，展出的本土物种类和数量需要增加。因此，如何进一步提高动物园动物饲养展示技术和野生动物保护水平，是目前我国动物园行业发展的重要任务。

2014 年北京动物园申报通过了北京市科委圈养野生动物技术北京市重点实验室立项，开展野生动物繁殖、营养、疾病防治、生态保护等研究。近两年，许多动物园也相继成立了野生动物技术研究和野生动物保护机构；互联网、多媒体技术的快速发展和应用，为信息技术获取和交流提供了重要支持，为提高圈养野生动物技术打下了良好的基础。

北京动物园圈养野生动物技术北京市重点实验室积极总结国内动物园成功的经验，吸收国际动物保护新理念、新技术，组织相关领域专家编写《圈养野生动物技术》系列丛书，丛书涵盖了圈养动物的饲养繁殖、展示、丰容训练、疾病防控、健康管理、保护教育、生态研究等内容，相信丛书的出版能够对提高我国动物保护水平、促进动物园行业发展起到积极的作用。

北京动物园愿意与大家合作，建立国内圈养野生动物技术体系，为我国动物园行业发展、为野生动物保护贡献自己的力量。

《圈养野生动物技术》丛书编委会

2019 年 4 月

目　录

译者序 ·· （1）

前言 ·· （1）

第一章　鸟卵的结构 ··· （1）

第二章　鸟卵的形成 ··· （8）

第三章　精子的形成 ··· （19）

第四章　卵的受精力 ··· （27）

第五章　卵的孵化力 ··· （41）

第六章　雏鸟的发育 ··· （85）

第七章　成功孵化所需要的物理条件 ···················· （121）

第八章　自然孵化 ··· （169）

第九章　机器孵化 ··· （185）

第十章　孵化技术 ··· （212）

第十一章　孵化失败的原因 ···································· （237）

第十二章　雏鸟的养育 ··· （251）

第十三章　二十一世纪的孵化技术 ·························· （262）

附录 I　孵化期 ··· (292)

　　　　华氏度−摄氏度对照表 ································· (308)

　　　　干球、湿球对照表 ···································· (309)

附录 II　术语 ··· (310)

插图目录

图 1.1 鸟卵纵切面图 ··· (3)

图 1.2 卵壳的显微切片图 ······························· (6)

图 2.1 雌性雄性化的红腹锦鸡 ························ (9)

图 2.2 非繁殖期雌鸭的生殖系统 ···················· (10)

图 2.3 繁殖期雌鸭的生殖系统 ······················· (11)

图 2.4 卵黄的形成 ······································· (14)

图 2.5 输卵管结构图 ···································· (17)

图 3.1 雄性鹑的生殖器官 ······························ (20)

图 3.2 繁殖期雄性绿头鸭的生殖器官 ············· (22)

图 3.3 睾丸功能的显微切片图 ························ (24)

图 4.1 褐马鸡人工采精按摩图 ························ (38)

图 4.2 雌鸟泄殖腔外翻时暴露出的输卵管口 ········· (39)

图 5.1 饲喂不当的雏鸟 ································· (61)

图 5.2 核黄素缺乏时的典型表现——棒状绒羽 ·········· (61)

图 5.3 环颈雉卵储存温度对孵化率的影响 ·········· (80)

图 5.4 环颈雉卵储存时间对孵化率的影响 ··········· (81)

图 6.1 精子的形成过程 ································· (87)

图 6.2 卵子的形成 ·· (89)

图 6.3 未受精卵和受精卵 ································· (92)

图 6.4 原肠胚的形成 ····································· (94)

图 6.5 原条 ·· (95)

图 6.6 大脑和中枢神经系统的发育——1 ············ (96)

图 6.7 大脑和中枢神经系统的发育——2 ············ (96)

图 6.8 大脑和中枢神经系统的发育——3 ············ (97)

图 6.9 孵化 36 小时的卵 ······························ (98)

图 6.10 孵化 48 小时的卵 ······························ (98)

图 6.11 孵化 4 天的鸭胚胎 ····························· (98)

图 6.12 心脏和血管的发育 ····························· (99)

图 6.13 羊膜囊的形成 ································· (102)

图 6.14 尿囊的形成 ···································· (103)

图 6.15 胚胎发育的阶段（腹面）···················· (106)

图 6.16 胚胎横截面 ···································· (107)

图 6.17 体节的位置和排列图 ························· (108)

图 6.18 鸭胚胎的发育阶段（去除了卵壳）········· (110)

图 6.19 胚胎的血液循环图 ··························· (113)

图 6.20 成鸟的血液循环图 ··························· (114)

图 6.21 鸭胚胎进入气室时的姿态 ··················· (117)

图 7.1 孵化期间胚胎的产热 ·························· (123)

图 7.2 不同孵化温度下对应的卵孵化率曲线，
       气流和湿度保持不变 ························ (125)

图 7.3 不同相对湿度下湿球和干球的读数曲线图 ········ (132)

3

图 7.4 孵化期间卵气室的发展变化图 …………………………… （138）

图 7.5 卵孵化失重曲线 …………………………………………… （142）

图 7.6 1000 枚家鸡蛋在孵化期间消耗氧气和产生

二氧化碳量的曲线图 ……………………………………… （144）

图 7.7 Sunrise Vision 空气静止型孵化机 ………………… （147）

图 7.8 A. B. Startlife 25 Mk312 型空气流动型孵化机 … （147）

图 7.9 A. B. Startlife 25 空气流动型出雏机 …………… （148）

图 7.10 A. B. Startlife 25 Mk5 型移动地毯式孵化机 …… （158）

图 7.11 A. B. Startlife 25 Mk5 M/C 移动地毯式

孵化机 ……………………………………………… （159）

图 7.12 A. B. Newlife 75 Mk 4 普通型孵化机 ………… （160）

图 7.13 A. B. Multilife 600 全自动鸵鸟卵孵化机

（24 枚卵） ………………………………………… （161）

图 7.14 A. B. Newlife 75 空气流动型单卵盘出雏机 …… （162）

图 7.15 A. B. Multilife 1500 型全自动普通型孵化机 …… （164）

图 7.16 Brinsea 的系列孵化产品 ……………………… （167）

图 7.17 人工孵化的红腹锦鸡雏鸟 …………………… （168）

图 7.18 人工孵化放归巴基斯坦马加拉山的彩雉幼鸟 … （168）

图 8.1 斗鸡的母鸡 ………………………………………… （174）

图 8.2 乌骨鸡的母鸡 ……………………………………… （174）

图 8.3 抱窝鸡的巢箱（孵卵区和运动区） …………… （175）

图 9.1 空气静止型石蜡孵化机 ………………………… （188）

图 9.2 双乙醚胶囊 ………………………………………… （192）

图 9.3 A. B. Multilife 600 型全自动通用大型孵化机 …… （193）

图 9.4 水银触点式温度计 ·· (194)

图 9.5 称量卵重的天平 ·· (195)

图 9.6 测量卵的密度 ·· (196)

图 9.7 冕鹬鸨的卵孵化失重曲线 ···································· (197)

图 9.8 A. B. Newlife 75 Mk6 滚轴可变型全自动

孵化机 ··· (198)

图 9.9 3 枚非洲鸵鸟卵孵化期间的密度损失曲线 ········· (199)

图 9.10 加热器对恒温控制器响应延迟对孵化箱温度的

影响 ··· (201)

图 9.11 电动孵化机的湿度控制 ···································· (203)

图 9.12 湿球法控制湿度 ·· (204)

图 9.13 翻卵的机理 ·· (206)

图 9.14 垂直放置式翻卵示意图 ···································· (207)

图 9.15 自动翻转的卵托盘 ··· (207)

图 9.16 鹑类卵的存放推车 ··· (208)

图 9.17 其他的手动翻卵方法 ······································· (209)

图 9.18 A. B. Newlife 75 Mk6 孵化机中不同直径的

翻卵滚轴 ·· (209)

图 9.19 Marcon Gamestock RS 20000 型全自动

环颈雉卵孵化机 ································· (210)

图 9.20 A. B. Startlife 25 型爬行动物卵孵化机 ·········· (211)

图 10.1 卵清洗前进行除污 ··· (214)

图 10.2 不同孵化期家鸡、火鸡和鸭卵气室大小的

对比图 ·· (215)

图 10. 3 鹑类卵入孵 Marcon Gamestock RS 20000 型

　　　孵化机 ………………………………………………（219）

图 10. 4 孵化过程中验卵时卵内部的影像 ………………（222）

图 10. 5 家鸡胚胎每天发育的放大影像 …………………（225）

图 10. 6 A. B. Tungsten Halogen Diachronic

　　　卤钨丝验卵灯 ……………………………………（226）

图 10. 7 The Buddy infra-red 红外线验卵灯 ……………（227）

图 10. 8 Marcon Gamestock Zephyr T 9000 型空气流动型

　　　出雏机 ……………………………………………（232）

图 10. 9 运输中的鹑类的雏鸟 ……………………………（233）

图 10. 10 孵化记录 …………………………………………（236）

图 11. 1 壳内死亡 …………………………………………（244）

图 12. 1 A. B. Keepwarm 型电母鸡（电加热器）………（254）

图 12. 2 养育鹦鹉及其他种类晚成鸟的 A. B. 空气流动型

　　　恒温育雏箱 ………………………………………（255）

图 12. 3 Marcon Gamestock 100B 型电母鸡

　　　（电加热器）………………………………………（256）

图 12. 4 翎颌鸨雏鸟体重称量 ……………………………（260）

图 12. 5 A. B. Newlife 12V 直流便携式育雏箱…………（261）

图 13. 1 A. B. Mikrotek 湿度控制器 ……………………（265）

图 13. 2 10 枚冕鹬鸨卵在孵化期间的卵失重曲线 ………（272）

图 13. 3 10 只冕鹬鸨卵在孵化期间卵的

　　　密度损失曲线 ……………………………………（273）

图 13. 4 A. B. 12V 直流便携式孵化机 …………………（275）

译者序

　　本书特别推荐给中国的动物园、濒危鸟类繁育中心的管理者和孵化技术人员，以及使用机器孵化卵的动物爱好者。书中的孵化技术可用于各种雉类、水鸟、鹦鹉、宠物鸟、平胸目鸟类，以及不常见的爬行动物类卵的孵化。

　　中国是世界上最早发明家禽人工孵化技术的国家之一。早在宋元时期家禽孵化就有了"牛粪孵化法""火焙法"；明清时期有了"栗火孵""稻糠孵""马粪孵"，后来又发展出"炕孵法""缸孵法"和"桶孵"的孵化技术。在我国除了养育家禽外，一些珍禽如番鸭、珍珠鸡、七彩山鸡、丝毛乌骨鸡、孔雀、锦鸡等，也以肉、蛋、药用以及观赏为目的在全国各地养殖。

　　我国动物园展出的动物中，羽毛华丽、姿态优美的观赏鸟占重要部分，这其中不乏各种雉类。在这些观赏鸟类的繁育中，人工孵化是必不可缺的技术。我国动物园中的鸟卵孵化始于20世纪60年代，最初在建园最早的北京动物园中建起孵化室和育雏室，那时使用机器孵化、人工养育雏鸟。由于孵化设备落后，当时鸟卵孵采用家禽孵化中"看胎施温"的方法控制

1

温度，用测量卵的水分散失率和气室大小调节湿度。那时我国多数动物园没有先进的孵化育雏设备，小型动物园则使用"保姆"鸡。

今天，人工孵化仍旧是鸟类繁育中的一项关键技术。在对一些濒危鸟类，如海南孔雀雉、绿尾虹雉、马鸡、绿孔雀等进行异地圈养保护时，如何更有效地提高繁殖率和孵化率仍是我们需要解决的一个重要难题。

《新孵化手册》是 20 世纪 90 年代，由世界雉类协会出版的一本关于鸟卵孵化技术的专著。这本书自 1997 年出版后曾经过几次内容和数据更新，再版 3 次，至今仍很受许多国家动物饲养者欢迎。

《孵化手册》一书最初由亚瑟·安德森·布朗博士（Arthur Anderson Brown）撰写，布朗先生是医学博士，也是一名兽医，是英国 A. B. 孵化机生产公司的创始人。不幸的是布朗于 1991 年去世，由他的朋友盖瑞·罗宾斯先生（Gary Robbins）接管了他的孵化机公司。罗宾斯先生是世界雉类协会的孵化专家，目前仍是这个孵化机公司的技术顾问。1994 年以后罗宾斯对此书进行了两次修订和更新，新修订的书被称为《新孵化手册》，最新版于 2011 年出版。

第一次看到这本《新孵化手册》是在 2016 年，世界雉类协会副主席的约翰·科德先生（John Corder）将这本书介绍给我，我被书中描述的实用性孵化技术深深地吸引，立即萌发了把它译成中文，让我国的同行们也能学习并使用这些技术的想法。在科德先生的帮助下，我见到了此书作者盖瑞·罗宾斯先生，他欣然同意我将这本书翻译成中文，用来提高中国的珍稀物种孵化技术。后来，在此书的翻译过程中，2018年11月我曾再次拜访了罗宾斯先生、科德先生和 A. B. 孵化机设计师理查德·阿智力先生（Richard Edgell），就书中论述的一些重点技术进行了讨论和交流，确保了翻译后这些重点技术内容在书中的准确性。

《新孵化手册》对卵的孵化进行了全面详细的论述，书中包含了珍稀物种以及一些需要特殊对待的物种卵的最新孵化和出雏技术，可用于各种雉类、水鸟、鹦鹉、宠物鸟、平胸目鸟类，同时还包括不常见的爬行动物卵的孵化、义亲孵化和雏鸟人工养育技术。全书共有13章，第一章到第三章讲述了鸟卵的结构以及鸟卵和精子的形成。第四章到第六章讲述了影响鸟卵受精力和孵化力的各个因素以及受精卵在适宜条件下发育成雏鸟的过程。第七章到第十一章是鸟卵成功孵化出雏所需要的物理条件、自然孵化、机器孵化、孵化技术和鸟卵孵化失败的原因及对策。第十二章讲述了雏鸟孵化出壳后的养育技术。第十三章内容包含了21世纪以来新的实用性孵化技术。此书科学系统的论述，涉及动物学、胚胎学和孵化技术，使本书对高等院校的课程教学也具有极其重要价值。作者的实用性研究结果对于孵化机的制造行业已经产生了深远的影响，使孵化机的温度、翻卵和湿度实现了精确的电子控制，这些研究成果目前已在世界范围内被用于商业化孵化设备的生产。

依照本书作者的写作原意，我们对书中各章、附录进行了翻译，中文附录按照拼音顺序做了重新排序。本书翻译工作的分工是：张敬（第一、二、三、四、六、七章和第八章、附录Ⅰ、附录Ⅱ），王伟（第五、十二章和第十三章），由玉岩（第九、十章和第十一章）。北京师范大学张正旺教授、北京动物园高级畜牧师张恩权和北京动物园重点实验室贾婷分别对各章进行了校对，全书由张敬总校对。

特别需要感谢的是，在本书历时三年的翻译出版过程中，约翰·科德先生给予了大力帮助，北京市公园管理中心和世界雉类协会也给予了支持和帮助，在此一并表示衷心的感谢。

张　敬

2019 年 3 月

前　言

在本书第一版出版后的 20 多年里，野生动物的自然栖息地正以难以想象的速度丧失，出于公众舆论的压力，继续使用捕捉野生个体的方式来补充圈养动物数量的不足，已经变为不可能，在一些国家捕捉野生个体目前已经被完全禁止。

将圈养动物个体释放到野外的再引入项目在世界范围内正在逐步进行。对于一些处于困境的圈养鸟类和爬行动物来说，确保种群的延续，广泛地引入该物种的基因多样性，对于这些圈养种群就显得非常必要了。为此，本书增加了一些新章节，内容包括珍稀鸟类卵的孵化和出雏技术，以及需要特殊对待的一些物种的最新的孵化技术、方法和建议，新章节中也包含了作者对于孵化和育雏设备的有关建议。

本书的作者亚瑟·安德森·布朗（Arthur Anderson Brown）于 1991 年不幸离世，在此之前，亚瑟已经对本书的原文进行了更新，并在希望添加的新照片上留下了备注。盖瑞·罗宾斯（Gary Robbins）是亚瑟多年的同事和好友，他们一起工作，设计制造孵化机，并在使用中对其性能逐步进行改进，使之成为世界上最先进的用于濒危物种孵化的设备之一。盖瑞欣然同

1

意在 1994 年完成此书修订本的第一版，并于 1999 年出版了有更多新内容的《孵化手册》（修订版更名为《新孵化手册》）。

2000 年以后，盖瑞·罗宾斯从亚瑟的另外一位朋友罗伯·哈维（Rob Harvey）那里学习了一些新的实用性孵化经验，撰写了本书关于孵化技术的新章节，其中包括了针对特殊物种的孵化技术。在征求罗伯的同意后，盖瑞在新章节中使用了罗伯 1990 年出版的《实用性孵化》一书中的一些孵化图表和照片。罗伯·哈维书中的大部分孵化研究所使用的是亚瑟所设计，A. B. 孵化设备有限公司制造的孵化器，那时亚瑟·安德森·布朗已经成为 A. B. 孵化设备公司的创始人。在世界雉类协会出版《新孵化手册》最新的修订版之际，协会在此感谢为修订版的编写付出了很多努力的 A. B. 孵化设备公司的技术顾问盖瑞·罗宾斯，同时也要感谢罗伯·哈维先生的帮助，以及编辑本书 CD 版的约翰·科德先生（John Corder）。我们相信，这本权威性书籍的原作者亚瑟·安德森·布朗，同样也会很高兴，由他开创的事业能够不断得以发展和延续。

每一枚鸟卵都是有价值的，一枚可孵化的受精卵首先是成功孵化的先决条件。无论是使用机器孵化还是义亲鸟孵化，掌握孵化从受精卵发育到雏鸟这一基本过程中的知识，对于进行正确的孵化管理是至关重要的。我们必须了解孵化过程中，各种物理条件作用于受精卵并促使其发育的原理和机制；了解为什么某些条件会有助于卵的发育，而有些则不会，以及这些条件是如何促使卵向好的方向发展的。对卵孵化失败原因和经验的总结，则可以防止今后再次出现同样的错误。

在这本书重新修订出版以后的几年里，我们高兴地看到人工孵化已经被应用在越来越多的物种繁育中，而依次在翻卵、湿度控制及微处理器控制温度方面也应用了许多新技术。这些新技术综合在一起，将极大地提高卵人工孵化的成功率。

亚瑟·安德森·布朗
盖瑞·罗宾斯
约翰·科德
2011 年 5 月

第一章　鸟卵的结构

鸡生蛋，蛋生鸡，"先有蛋还是先有鸡"是一个有趣的问题，这个问题让我们思考了几个世纪，至今尚没有确定的答案。假设答案是鸡，那么蛋，即卵，就可以看作是一张能设计制造出鸡的蓝图，一只鸡就可以按照这张设计蓝图被制造出来。但是，如果设计图出现错误，或者制造时使用的材料不足或不合适，那么这只鸡就无法成功地被制造出来。

鸟卵通常有着基本相同的结构，只是其内部的设计蓝图，也就是含有的遗传物质不同，卵内部各种成分所占的比例也有所不同。实际上，一枚卵包含五个部分：卵壳和卵壳膜、气室、蛋白、卵黄和胚盘。

胚盘

胚盘是形成未来雏鸟的设计蓝图，含有发育成未来雏鸟的遗传物质。一只被打开的鸡蛋，在卵黄的顶部可以看到有一个直径约 4mm 的白色斑点，它是雌鸟卵巢的卵子和雄鸟精子的结合体。卵子中含有总数一半的染色体，精子中含有另一半数量的染色体。精子和卵子结合，即受精以后，受精卵会分裂，形成两个细胞，在雌鸟将卵产出之前，细胞会继续分裂，直到卵被产出。我们所见到的卵中的白色斑点即为受精卵，是经多次分裂形成的细胞团，被称为胚盘。在之后的孵化过程中，胚盘会进一步生长、分裂、发育成雏鸟的各个器官，并最终发育成雏鸟，卵内的其他物质是胚胎发育的营养来源。

卵黄

卵黄和卵细胞一起在雌鸟的卵巢中形成。它是一个精美的球形囊，由包裹在外层的一层薄的弹性膜，即卵黄膜和被包裹在内的卵细胞以及大量营养物质组成。

卵黄中储备的营养物质中有 50% 的水分、30% 的脂肪和 20% 的蛋白质。卵黄中大部分的营养物质在孵化过程中没有被吸收利用，而是在出雏前被吸入雏鸟腹腔内，为雏鸟出壳后的头几天提供营养。

用机器孵化雉类、鸭、鸡和鹅的卵时，那些在孵化过程中发育良好、出壳后活动正常、行为表现非常活跃的雏鸟，在出壳以后腹腔内通常含有较大的卵黄；而那些出壳后视力不好、身上的绒毛不整、成活希望不大的雏鸟，其腹中的卵黄通常较小。

蛋白

蛋白是卵中储存食物和水的地方，这些营养在孵化过程中完全被消耗。蛋白中含有 10% 的蛋白质，其余的成分都是水。卵黄经过输卵管上部时，管壁分泌的物质在卵黄周围包裹沉积，形成了蛋白，它含有一些水溶性维生素和矿物质，而卵黄中则含有一些脂溶性维生素。

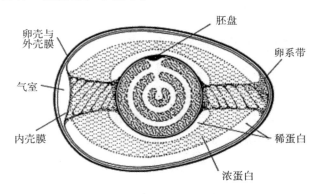

图 1.1　鸟卵纵切面图

　　蛋白在整个形成过程中并不是很均匀的。部分蛋白像果冻一样浓而稠，而部分蛋白则像水一样比较稀薄。浓稠的蛋白除了具有食物价值外，还能形成悬吊卵黄的卵系带，起到减震的作用。卵黄的密度比蛋白小，如果没有两端的系带牵引，抑制其上浮，卵黄就会漂浮到卵的顶部，粘在卵壳上。长时间储存而没有被人为转动的卵，常会发生卵黄与卵壳粘连的现象。

　　卵形成过程中，卵黄最先被一层浓蛋白形成的薄膜，即卵黄膜所包裹，在卵黄两端与卵黄膜连接的是由浓蛋白形成的两条螺旋状系带，也叫悬韧带，它们的旋转方向相反，两条系带分别将卵黄向卵两端拉扯，并与卵内壳膜相连，系带起悬挂和稳定卵黄位置的作用。卵黄膜外有一薄层稀蛋白层，当卵被转动时，卵黄会在这层稀蛋白层中转动。卵黄转动时，一端的系带会像发条一样越转越紧，而另一端的系带则会越转越松。如果卵每次都向同一方向旋转，则会使一端系带过紧，而另一端系带过松，卵的内部结构则因此受到破坏，而最终引起胚胎发育的异常和死亡。

卵黄膜外的稀蛋白层外，是一层厚的浓蛋白层，这层浓蛋白层在卵的两端处与内壳膜相连，在一定程度上有保持形状、成为卵黄的有效缓冲层的作用。在浓蛋白层外是外层稀蛋白，这层稀蛋白层和系带、浓蛋白层一起也与内壳膜相连。外层稀蛋白也具有维持形状的作用。卵黄由于卵系带的悬挂，始终趋于处在卵的中部。而胚盘周围的卵黄不如其他部位的卵黄稠密，所以，在重力作用下，不管卵怎样转动，胚盘总是会位于卵黄的顶部。卵内的液体环境使卵黄可以旋转，而转卵能使胚胎从稀蛋白中获得最直接的新鲜营养和氧气。在胚胎血液循环系统形成之前的发育早期，胚胎只能吸收利用与稀蛋白接触部分的养分，而通过转卵，不断改变胚胎与稀蛋白的接触位置，能使胚胎不断获得新的营养来源。

溶解在水中的气体的扩散速度比在胶体中更快。因此在胎膜发育形成之前，卵最外层的稀蛋白层对于胚胎发育过程中所产生的二氧化碳的排出和氧气进入是非常重要的。

卵壳膜和气室

在卵的外围有两层膜，它们彼此松散地黏附在一起。位于外层的膜紧紧地附着在卵壳内，实际上卵壳是在这层膜上沉积而形成的。随着卵的内容物中的水分蒸发和胚胎发育时卵内营养成分的吸收和利用，两层膜会逐渐收缩分离，在卵的阔端会形成一个气室。这个有空气的气室对于胚胎的发育至关重要。气室的存在使卵内的气体交换、出雏前雏鸟在壳中的转动以及胚胎在卵内的呼吸成为可能。气室的大小会随着孵化进程而增加，因此对气室大小的监测也是孵化管理的一项重要工作。

卵壳

鸟卵的形状从数学角度通常被描述成是不规则的卵圆形，这是由于卵的一端比另一端更宽阔而平滑，卵的长径更接近于这个阔端。也就是说，如果卵沿着一个平面滚动时，它的轨迹会被限制于一个圆形区域内。那些在树洞里筑巢产卵的鸟，它们的卵在巢中没有足够的空间滚动，因此卵的形状会更趋于球形，而在狭窄礁石上筑巢的鸥类，它们的卵的一端会更狭长，这样即使卵滚动，卵也只会原地转圈。

空心球形是在材料有限的条件下可以制造出的最大、最坚固的结构，也就是说卵圆形的鸟卵结构既节省材料又坚固实用。

卵壳的最外层是一个致密而闪光的薄角质层，内层则是稍厚的排列整齐的海绵层。卵壳这样的构造，使得要从外部压碎卵壳，需要相当大的力，而在雏鸟破壳时，从内部有很小的力就能将卵壳戳破。

整个卵壳贯穿了许多微孔，称为"蛋孔"。蛋孔的功能是

A 新鲜的卵壳

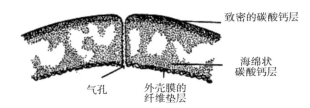

致密的碳酸钙层

海绵状
碳酸钙层

气孔　　　外壳膜的
　　　　　纤维垫层

B 孵化后的卵壳

外层致密的碳酸钙层保留下来，内层的海绵状碳酸钙层已被胚胎吸收

图1.2　卵壳的显微切片图

气体交换和控制水的散失，二氧化碳、氧气和水分子能通过蛋孔进出卵壳。卵的阔端每平方毫米含有的蛋孔数最多，卵壳的结构虽然能阻挡绝大多数传染性细菌进入，但仍会有一些细菌由蛋孔进入。当卵壳很湿而且不够清洁时，细菌就很容易进入卵内部。如果有足够多的细菌突破壳膜和卵白的防御机制，胚胎就会由于受到感染，最终导致死亡。

不同鸟类的卵壳的孔隙度有明显不同。如鸭类，在水上漂浮的植物上或潮湿的沼泽地上筑巢产卵，它们卵壳上具有较多的蛋孔；而在岩洞中或其他干燥环境中产卵的鸟类，它们的卵壳会有较强的不透水性，以防止卵内水分过多地散失。

冕鹧鸪是生活在热带雨林中的鸟类，人工饲养环境下，通过对同一群雌鸟的卵壳厚度进行观测发现，当雌鸟生活在潮湿的热带温室中时，产下卵的卵壳的厚度，与这些雌鸟被转移到干燥的房间中饲养后所产下卵的卵壳厚度有所不同。结果显示，在干燥环境中，雌鸟所产卵的卵壳会更厚，这样无疑会在一定程度上降低卵内水分的散失。卵壳呈颗粒状的最内层，储备了大量供胚胎骨骼发育所需要的钙质。

第二章　鸟卵的形成

卵　巢

雌鸟的卵巢位于腹腔的上部，附着在脊柱和与之相邻的肋骨上。几乎所有的动物都有一对卵巢，但在鸟类中，通常一侧的卵巢不发育。绝大多数鸟类左侧的卵巢发育，具有功能，但有些种类右侧卵巢也具有功能。卵巢作为一个部分萎缩的器官，既能分泌雌激素也能分泌雄激素，因此具有两性腺（卵精巢）的功能。

如果雌鸟发育的一侧卵巢被切除或由于疾病失去功能，另一侧卵巢会发育为类似精巢的器官。这时雌鸟在经过下一年的换羽后其外观会逐渐地部分或全部趋向于雄鸟。这种雌性外观趋于雄性的现象在迁徙性的鸭类中常有报道，尤其是林鸳鸯（*Aix sponsa*）和罗纹鸭（*Anas falcata*）。这种现象在雉类中也时常出现，特别是老龄雌性雉类，当它们停止产卵后体内雌激素水平低于雄激素，经过几次换羽后外貌便逐渐趋于雄性。在雉类中这个过程被称为雌性雄性化（Gynandry），这个英文词来自希腊语，意为强悍的雌性。

图2.1　雌性雄性化的红腹锦鸡

影响卵巢功能的因素

非繁殖期，卵巢是一个小而褶皱的器官，只有一粒坚果大小。但在繁殖季节，它体积会增大，生殖细胞在这里产生。通过显微镜观察，每个生殖细胞外周都包裹着一个由大量脂肪和蛋白组成的精致的囊——卵黄。通常每次只有一个生殖细胞被排到输卵管中，如果同时有两个卵细胞排出，那么产出的就是一枚双黄卵。

光照

春季来临，在各种环境因素的影响下，卵巢的功能被逐渐激发出来。其中最主要的影响因素是光照，也就是说随着季节

9

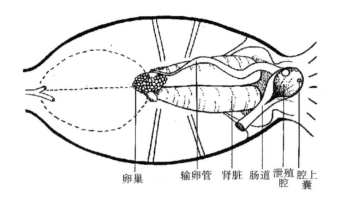

卵巢　　　输卵管　肾脏　肠道　泄殖　腔上
　　　　　　　　　　　　　　　腔　　囊

图2.2　非繁殖期雌鸭的生殖系统

变化，夜晚的暗期逐渐缩短，白天的光照期逐渐增加。光照强度对卵巢功能的影响并不是决定性的，而光照时间对于卵巢的功能却是重要的影响因素。

　　眼睛虽然是光的受体，但人们发现即使是完全瞎的雌鸟也会产卵，而如果给完全瞎的雌鸟戴上头套，它就不会产卵了。这说明雌鸟整个头部对于光的刺激都能产生反应。

温度

　　第二个重要的影响因素是温度。如果某年春季的平均温度比往年低，这也预示着各种鸟类的繁殖季节在这一年里会姗姗来迟。

　　在靠近北极的地区，如冰岛，当地留鸟的繁殖期在很大程度上会受到天气状况的影响，如巴氏鹊鸭（Bucephala islandica）、斑背潜鸭（Aythya marila）、红胸秋沙鸭（Mergus serrator）、长尾鸭（Clangula hyemalis），它们繁殖期来临的时间有时会相差长达3周。

但一些经过长途迁徙来到北极地区繁殖的鸟类，如黑雁（Branta bernicla）、雪雁（Anser caerulescens），它们需要等到冬季的来临，雏鸟羽毛丰满以后，才飞离繁殖地。所以这些鸟类的产卵繁殖时间主要遵循季节变化的规律，对当地气温的变化不是特别敏感。

雉类繁殖受天气状况影响很大，一个寒冷而潮湿的春天通常预示着即将来临的繁殖季节不会很好。即使对于通过人工选育，几乎全年都能产卵的家鸡来说，当环境温度低于15.5℃（60℉）时，或白天光照时间少于8小时的条件下，它们也不会很好地产卵。

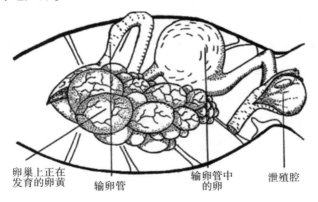

卵巢上正在
发育的卵黄　　输卵管　　　　输卵管中　　　泄殖腔
　　　　　　　　　　　　　　　的卵

图2.3　繁殖期雌鸭的生殖系统

领域和求偶行为

第三个影响繁殖的重要因素是心理因素。在较大饲养笼中饲养的商品产蛋鸡，其产蛋量会提高。大多数野生鸟类在繁殖季节则需要雄鸟的性炫耀行为的刺激，在雌雄鸟之间建立一个牢固的配偶关系。它们需要有足够的空间和安静的环境来进行这种求偶炫耀，它们也需要占据一个稳固的繁殖领域，来供雌鸟营巢。如果在一个潮湿而泥泞的区域中繁殖的鸟类过于拥挤，那么它们就不能很好地繁殖。

不同鸟类对领域的要求不同。雁类的配偶关系一旦形成会维持一生，它们在一个被防御得很严密的区域里筑巢，不会容忍任何其他鸟类在里面筑巢。小白额雁（Anser erythropus）的雄雁通常是在离雌雁 50m 以外的区域守护，而其他种类的雄雁一般都在巢的附近看护。只要雌雁在周围发现另一只同类四处游荡，它就会立即发动攻击，雄雁一般不会参与雌雁的攻击，它们会专心看守领域和巢区。

鸭类的领域边界不是很明确，彼此的领域之间一般要间隔一定区域的海岸或河岸，它们各自在相距几百米的区域内筑巢。

雄性环颈雉（Phasianus colchicus）会占据一个很大的领域，尽量多地招引雌性来自己的领域交配，只要领域中没有其他雄性，它会与自己领域中所有的雌鸟交配。环颈雉领域中雄性与雌性的比例通常是 1：6。而家鸡与环颈雉不同，一只公鸡可以照看 15~20 只母鸡。

红腿石鸡（Alectoris rufa）是集群生活的，群体中每对都一对一地交配，每对与其他个体能共存在同一群体中。灰山鹑（Perdix perdix）和血雉（Ithaginis cruentus）则不同，在非繁殖期它们集群活动，繁殖期雌雄个体开始配对，然后离开群体，每一对需要有单独的区域进行交配繁殖，如果不同的繁殖对出现在同一区域，雄鸟之间则会发生打斗，甚至致使一方死亡。多数观赏雉类在繁殖季节也是如此。

松鸡科的许多鸟类有固定的公共竞技场，雄鸟都聚集在这里进行求偶炫耀，它们很少争斗。雄鸟在竞技场内展示炫耀自己，占优势者可以占据竞技场内最好的位置，交配对象由雌鸟选择。它们通常选择群体中占优势的雄性个体，交配完成后雌鸟独自离开，到数千米外的地方筑巢产卵。

激素调节机制

随着光照时间的持续增长和性刺激直接作用于雌鸟的大脑。在大脑的底部有一个很小的腺体，即脑垂体。神经兴奋刺激垂体，使之周期性地产生并向血液中释放一系列的激素。

1. 促卵泡激素（FSH）　促卵泡激素作用于卵巢，使之增大，促进卵黄的形成，还可以促进卵巢分泌雌二醇。这些雌激素，进一步作用于雌鸟的其他生殖器官，使输卵管增大，进入繁殖状态。

2. 促黄体激素（LH）　促黄体激素可以促进卵泡成熟并从卵巢排出，也能促进卵巢分泌黄体酮，作用于输卵管的特定部位，分泌蛋白和形成卵壳的物质，在卵黄经过输卵管时对卵黄进行包裹，最终形成完整的卵排出体外。除此之外，促黄体激素还作用于卵巢，提高血液中钙、磷、蛋白质和某些维生素的水平，为卵的形成提供原料。

3. 催乳素　这种激素在雌鸟产完一窝卵以后释放，能促进雌鸟具有抱窝性（就巢性）。

卵黄的形成过程

（见图2.4）

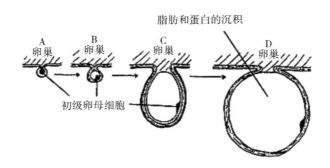

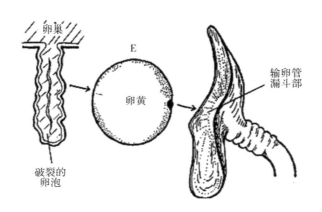

图2.4 卵黄的形成

A. 卵巢表面的原始卵泡

B、C、D. 卵泡周围不断积累脂肪和蛋白，卵黄不断增大。

E. 被卵黄包裹的成熟卵泡破裂，排到腹腔；随即进入输卵管漏斗部。通过交配进入雌鸟输卵管的精子在输卵管上部的皱褶内等待与卵细胞结合。这里只显示了一个卵泡的成熟排出过程，卵巢上有许多处于不同阶段的卵泡。一次排卵完成后，卵泡破裂处收缩，卵巢表面会形成一个疤痕。

输卵管

输卵管是一根中空的管，一端连接卵巢，另一端开口于泄殖腔。输卵管可分为5部分：漏斗部、壶腹部、峡部、子宫和阴道。在动物界中大多数的雌性只有一个子宫，连接着左右侧输卵管和卵巢。鸟类中雌性的右侧卵巢和输卵管不发育，成熟期只有左侧卵巢和输卵管发育，输卵管下端的膨大部形成子宫。

非繁殖季节输卵管只有一根铅笔粗细，在繁殖季节输卵管受激素的作用，长度和宽度均增大，管直径能容纳卵的通过。

受精

被卵黄包裹的卵细胞从卵巢排出后，在输卵管顶端的漏斗部与精子结合完成受精。这些精子是通过交配从雌鸟泄殖腔的输卵管口进入的，沿着输卵管游到这里等待与卵子受精。一旦卵细胞离开输卵管顶部继续下行，就不会再发生受精了。雉类、珍珠鸡和家鸡交配后，精子在雌性输卵管中可以存活一周，鸭类的精子可以存活两周，火鸡为三周。卵黄通过输卵管的时间大约是 24 小时。

卵细胞与精子在输卵管顶部结合以后，受精卵就开始分裂，从两个细胞分裂成 4 个、8 个、16 个细胞等。这时卵黄表面的胚盘，看上去是一个直径约 4mm 的小白点，直到卵被产出体外以后，温度的下降会使胚盘的进一步发育暂时停止，但在将卵放入孵化机中开始孵化后，胚盘会继续发育。当温度高于 21.1℃（70℉）时，胚盘会缓慢地继续发育，如果这个温度持续数小时，胚芽就可能变得很虚弱，这将对以后的发育产生致命的影响。未受精卵的胚盘仍然是一个小白点，也不会发生进一步的变化。

雌鸟体温是 41.6℃（107℉），这个温度对于卵成功地孵化是太高了。一些品种的家鸡，卵在雌鸟体内从形成到产出，时间远远超过了 24 小时，而这些品种的家鸡卵的"受精率"通常是很低的，原因在于它们的卵是受精的，但由于过高的体温，胚芽在卵被产出之前就死亡了。许多显示"不受精"的卵，很可能也是在早期就死亡了。

蛋白的沉积

卵黄在通过输卵管前端时，外层会逐层沉积四层蛋白。第一层是稠密的蛋白形成的薄膜，包裹在卵黄外；接着是一层薄的稀蛋白层；然后是一浓蛋白层，这层蛋白层在包裹时由于扭曲而在卵黄两端形成两条卵系带，最外层是一层稀蛋白层。

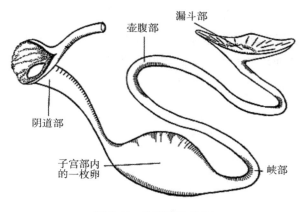

图2.5　输卵管结构图

卵壳膜和卵壳的沉积

卵壳膜是在输卵管的中部被添加上去的，内外两层卵壳膜依次被添加。外壳膜成为卵壳沉积附着的基底，形成卵壳的碳酸钙是在卵细胞通过输卵管后部、子宫部和壳腺时沉积下来的。

卵壳的显微结构显示，构成卵壳膜的蛋白纤维交织结合成网垫状，在膜内部结合得比较疏松，而膜外部比较紧密。形成卵壳的碳酸钙在壳内层沉积呈松散的粒状结构，为胚胎骨骼的发育提供钙质。卵壳的外层碳酸钙结合得更紧密而坚固，能起到很好的保护作用。

不同种类的卵，在卵壳上具有伪装作用的斑纹、卵壳的厚度和气孔的特征以及卵壳质地和表层闪光角质层厚度都存在不同。

最后，卵在阴道内肌肉的收缩和黏液腺分泌的黏液的润滑作用下，顺利被产出体外。压力或疾病会使雌鸟在卵壳未完全形成时将卵提前产出，从而产出软壳蛋。

第三章 精子的形成

雄性生殖系统的解剖结构

不同于雌性只有一侧卵巢发育，雄性生殖系统中具有左右对称的两个睾丸，与雌性卵巢在体腔的位置相似，睾丸位于体腔背侧肾脏前端。家养的公鸡的睾丸大小不随季节的改变而改变，但其他鸟类睾丸的大小随季节而有明显的变化。在非繁殖季节其体积很小，在性活跃期睾丸的体积可以比原来增大10倍。

显微镜下显示，精巢（睾丸）是由一团缠绕在一起的细管组成的，就像一团缠绕混乱的线球。精子在细管（曲精细管）中生成，细管之间的间质细胞能产生雄性激素。

每条细管都通向一个导管，即输精管，由输精管把精子输送到阴茎和泄殖腔。

某些鸟类，如平胸目鸟类（如美洲鸵、非洲鸵鸟等）和雁鸭类水鸟，具有一个能勃起的交配器，即阴茎，但其他鸟类的阴茎发育都不完全。

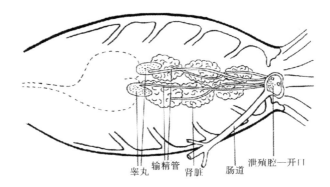

图 3.1　雄性鹑的生殖器官

通过泄殖腔鉴定性别

当无法通过羽毛、体形或行为差异来区分鸟类个体性别时，还可以通过泄殖腔内是否有雄性生殖器官来区分性别。目前大多数用于商业生产的家禽的性别，在雏鸟刚出壳后就能够通过这种方法鉴别出来。

初生雏的性别鉴定是一项技术性操作，鉴定者要轻轻地拿起刚出壳的雏鸡，查看它泄殖腔的外观，一位熟练的鉴定者每小时能鉴定一千只雏鸡，准确率达到 100%。可以这样操作：用手轻压雏鸡的腹部，帮助它将粪便排出，这时泄殖腔外翻后，就可以看清泄殖腔内的生殖器官。

家鸡和雉类在初生雏鸟时的雌性和雄性的泄殖腔很相似，但即使这样，技术娴熟的鉴定人员也能鉴别出来。雁鸭类雏鸟的性别在其出壳后几天内用泄殖腔法能很容易地鉴别出来，雄性的泄殖腔腹面有一个明显的小豆芽状突起（螺旋状阴茎），亚成体时期，泄殖腔内的这个突起不很明显，但到其成年后则非常明显。

通过 DNA 技术鉴定性别

近些年来有一种新的技术被应用于珍稀物种和外来物种的性别鉴定，即 DNA 性别鉴定技术，这是通过对个体的组织样本的 DNA（脱氧核糖核酸）进行分析比对来确定性别的方法。雏鸟出壳后，将卵壳内遗留的卵膜收集起来，在实验室中做 DNA 分析，就可以确定这只雏鸟的性别。

对那些羽毛已经长成的年龄大一些的个体来说，从翅膀或从胸部取下一些带血或组织的羽毛，也可以用 DNA 技术确定出性别。这种方法必须先有一个已知性别的 DNA 结果用来比较。实验室所做的这些鉴定工作已经被建成一个大型的数据库，可用于今后鉴定的参考标准。目前由于这项技术成本较高，还不能大规模应用于大型孵化场中的性别鉴定，但如果是非常濒危的物种，还是很值得去做的。

影响雄性器官功能的因素

光照

和雌鸟一样，光照是雄鸟性功能的主要刺激因素。光照刺激主要通过时间长短而不是强度作用的，即随季节变化夜晚的暗期逐渐缩短，白天的光照期逐渐增加。许多鸟类，雄性对光照刺激的反应比雌性的反应需要的时间长，因此在繁殖季节初期，这可能会导致卵不受精。所有在春季繁殖的鸟类，都可以在繁殖期之前通过人造光周期来诱导它们繁殖。在这种情况下，通常可以将雄鸟与雌鸟隔离开，提前2~3个星期，给雄鸟增加光照时间，用这种方法来提高卵的受精率。

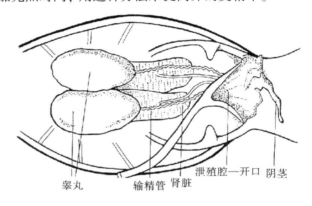

睾丸　　　输精管 肾脏　　泄殖腔—开口 阴茎

图3.2　繁殖期雄性绿头鸭的生殖器官

温度

雄鸟和雌鸟一样对温度都很敏感，如果环境温度降到约15.5℃（60℉）以下时，它们的性行为会明显减少。炎热的天气对性行为也同样有抑制作用。一些鸟类，具有特有的专门用于求偶炫耀的皮肤衍生物，如肉垂和肉冠，可能在低温时被冻伤，严重的伤害或疾病也会使它们对性行为失去兴趣，或很快失去繁殖状态。

气候条件

一些生活在干旱亚热带地区的水禽，如澳大利亚的鬃林鸭（*Chenonetta jubata*）和树鸭科鸟类，只在雨季到来和雨水充足的时期才进入繁殖期，因为只有这时才有充足的食物哺育幼鸟。由于潮湿季节到来不是很规律，所以这些鸟类的繁殖周期通常也不是很固定的。黑天鹅（*Cygnus atratus*）、澳洲灰雁（*Cereopsis novaehollandiae*）、棕胸麻鸭（*Tadorna tadornoides*）和其他一些鸟类会对不断缩短的白天有反应，因为这通常预示着其自然栖息地雨季的来临。

环境

泥泞和过度拥挤的环境不利于鸟类的繁殖。恶劣的饲养条件、不洁的环境、饮用水和营养不充分的食物都会抑制雄鸟的性行为。同样雌鸟在这种恶劣的条件下，有时会产少量卵，但这些卵通常不会受精。

激素调节机制

雄鸟性行为的激素调节机制与雌鸟相似。增长的光照时间和合适的温度直接作用于大脑。位于大脑基部的脑下垂体，释放出两种激素，使睾丸增大和发挥作用。

1. 促卵泡激素（FSH）。这与雌鸟产生的 FSH 完全相同，它能使睾丸变大，并且使在睾丸细管内的内皮细胞发育，产生

23

精子，也能促进细管之间的间质细胞生长。

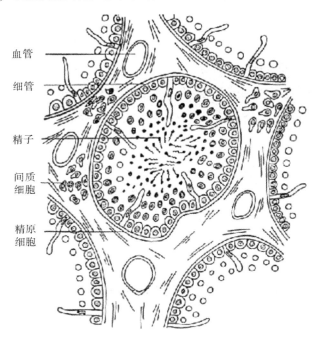

血管

细管

精子

间质
细胞

精原
细胞

图 3.3　睾丸功能的显微切片图

2. 促间质细胞刺激激素（ICSH）。这种激素被认为可能
与雌性的促黄体激素有相同的作用，它促使睾丸中细管细胞成
熟，发育成精子，促进间质细胞开始产生雄性激素，即睾酮。

一些鸟类，雄鸟与雌鸟共同孵卵，但大多数种类的雄鸟会
保护领域、雌鸟和巢区，雄鸟的这些行为有可能是在催乳素或
类似的激素的作用下而产生的。

睾酮

动物界中，睾酮，即雄激素在雄性动物睾丸中产生，产生激素的刺激来自雄性动物的大脑和脑垂体。睾酮能刺激雄性生成第二性征，如青年男性长出的胡须，雄狮长出的鬃毛，繁殖期处在最佳繁殖状态的健康雄鸟，则有丰满而漂亮的羽毛。

睾酮也使雄鸟变得更具有统治性和攻击性，沉迷于繁殖的展示炫耀和交配过程，此外睾酮还能刺激精子在曲精细管中的产生和释放。

第二性特征的发生与繁殖状态

一只失去性器官的雌鸟会逐渐长出具有雄性特征的羽毛，尽管羽毛颜色比较暗淡。它也会长出较小的肉垂或肉冠等。也正是雌鸟体内产生的雌激素，促使它们长出具有雌性特征的羽毛。幼鸟在出生后所长出的第一身羽毛很难区分性别，因为幼鸟体内的性激素水平较低，在非繁殖期，较低的性激素水平只能促使它们羽毛正常地发育。而雄鸟睾丸分泌的睾酮增加后，会促使它们长出具有雄性特征的羽毛，导致雄性器官体积增大和第二性征的发育。如：雄性棕胸麻鸭（*Tadorna tadornoides*）喙上颜色鲜艳的瘤状突起和雄性雉类脸部的肉垂。

在繁殖季节结束后，在体内雄性激素急剧下降和其他激素变化的共同作用下，雄鸟的羽毛会转换成暗淡的非婚羽。当它们换羽还未完成，无法飞行，在丛林中躲避时，与雌鸟相似的暗淡的羽毛有助于它们逃脱捕食者的捕食，但即使这时羽毛中仍会留有一些雄性羽毛特征的痕迹。

领域与交配前的炫耀

对于多数鸟类来说，拥有领域是繁殖成功的先决条件，雄鸟会努力通过一系列的炫耀行为来占有和保卫自己的领域。鸟类的求偶炫耀有一些共同的行为模式，但也各有不同，孔雀用华丽的开屏来追求异性，绿翅鸭求爱时发出隐秘的类似"打嗝"的哨声，松鸡科鸟类则通过奇特的身体展示和表演追求配偶。也许最成功的要算是绿头鸭，雄鸟没有丝毫示爱行为，而是直接与雌鸟交配。

激素注射的应用

如果一只很珍贵的雄鸟在繁殖期对异性不敏感，性行为不活跃，通过每周注射小剂量的睾酮，有可能得到改善。但这种方法只对健康的、垂体功能正常的个体起作用。人工注射激素可以用于由于疾病引起的垂体功能缺陷、恶劣的环境、阉割等原因引起的繁殖问题。但这种方法仍处于实验阶段，而且费用昂贵。因此最好的改善繁殖的方法还是应该通过改进饲养管理来实现。

通过激素注射治疗后，雄鸟的性行为可能会有明显的改善，但每只雄鸟在繁殖季节产生的精子数量必定是有限的。如果让这只雄鸟与过多的雌鸟进行交配，卵的受精率同样会很低。

第四章　卵的受精力

　　不受精的卵是无法孵化出雏鸟的，因为没有发生成功的受精过程，卵中没有形成用来制造一只新雏鸟的设计蓝图，这时，卵只是一些没有未来的营养物质。卵不受精的原因通常来自雄鸟或不恰当的饲养管理。

　　在讨论卵的受精率之前，必须区分卵不受精与孵化力低这两种情况。一枚孵化不成功的卵可能是不受精卵，也可能是受精卵，但存在缺陷和不足，因而阻止了卵的进一步发育，所以最终没能成功地形成一只雏鸟。在孵化期结束后，如果我们将卵打开，卵内部看起来仍像新鲜鸡蛋一样，那么这枚卵就是不受精卵。如果打开的卵，内部腐烂、溶解，那么卵就是受精卵，但可能在发育的某个阶段已经死亡，即使胚胎在孵化的最初几天或几个小时内死亡，在死亡之前已经形成的酶也会作用于卵黄，使卵黄腐烂和溶解。这样的卵是细菌很好的培养基，因此卵内的物质就会变质，发出臭鸡蛋味，这样的卵就不是不受精的卵。

　　孵化结果通常表示为一个所有入孵卵的百分比，或入孵受精卵的百分比。重要的是区分真正的不受精卵和那些受精。但在早期就死亡的卵。

影响受精力的因素

年龄

雄鸟的年龄对卵的受精力影响很大。年轻的雄鸟，虽然已经性成熟，身体条件已经显现出繁殖的特性，但它们通常会由于经验不足或没有足够的优势成功地进行频繁交配；有时即使雄鸟能够交配，也可能因为不能产生足够的精子，而使雌鸟所产下的卵全部都受精。我们都知道，在雉类中，早孵化出来的雏鸟，它们在成熟后卵的受精率和孵化率都比晚孵化出的同胞兄弟姐妹的要高。

大多数雌雁在三岁以后才产卵，偶尔也有一些在两岁时就开始产卵，但这时两岁的雄雁却通常不能使卵受精。

与雁类不同，雉类和鸭类在一岁就能产受精卵。家禽中不满一岁的初产小母鸡所产的前几枚卵经常比后面产的卵小，受精率也不高，因为这个原因，初产母鸡前两周或三周产的卵通常不进行孵化。

鸟类的受精能力随着年龄的增长而下降。一只年老的雄鸟的生命活力，交配的频率，每次交配所产生的精子数量都会随着年龄的增长而下降。鸟类没有更年期，它们似乎终生都能交配繁殖后代，但到了晚年它们的受精力通常会很低。

用于商业经营的家鸡和鸭一般在其繁殖季节过后就被认为

不再有商业价值而被淘汰。人工饲养的环颈雉一般只饲养一年，这不是因为它们的受精力下降，主要原因是为了防止病菌在饲养围栏内的累积，而且雄鸟逐渐长出的距，在交配时会伤害雌鸟。但对于那些从国外引进的外来种类，因为它们的卵很有价值，可能会被人工饲养长达 4 年之久。

一般来说，各种鸭类在 4~7 岁的饲养期间能保持良好的受精力。雁类在 10~15 岁繁殖力都会很高，即使是 25 岁的雄雁仍然能使卵受精。一些国外引进的雉类，如棕尾虹雉（*Lophophorus impejanus*）和凤冠火背鹇（*Lophura ignita*）在 16 岁或年龄更大时仍能产受精卵，许多其他的引进雉类在 10 岁或年龄更大时也仍然能产受精卵。

健康状况

显然，有病的个体，繁殖成功的希望会很小。即使是从外表看起来很健康的个体，也可能由于存在一些看不见的潜在慢性疾病，而影响它的繁殖力。鸟类易感染禽结核病（Avian tuberculosis）、曲霉菌病（Aspergillosis）和球虫病（Coccidiosis），在长期饲养鸟类的笼舍中这些病菌和虫卵很容易积累存留下来。禽白血病（Leukosis）和禽支原体病（Avianmycoplasmosis）会对被感染的个体产生不利的影响。曾经感染沙门氏菌（Salmonella）或新城疫病毒（Newcastle）的个体，即使痊愈后，卵的受精力和孵化率都会明显降低。

患有关节炎的老年个体往往不能交配，脚部或翅膀受伤的个体也都不能很好地与另一只健康的个体进行交配。

营养状况

圈养下，如果所提供的食物在数量或质量上出现严重不足或营养物质出现边缘性缺乏时，都会对卵的受精产生不利影响。如果食物在营养方面的缺乏很严重，会导致雌鸟不产卵，雄鸟也不能使卵受精。但有时即使我们提供了数量充足的食物，但营养不全面，雌鸟虽然能够产卵，但仍会由于某些营养缺乏而使卵的受精率和孵化率都很低。在这种营养不全的饮食状况下，一个繁殖季节里，雌鸟虽然仍能产下与自己体重相当数量的卵，但雄鸟所产生的精子却不能使所有的卵都受精。同时，雌鸟产的部分卵虽然会是受精卵，但营养上的缺陷会导致受精卵先天不足，而不能成功地孵化出雏鸟。

当食物营养不平衡时，如淀粉含量太高、蛋白过低的日粮，会使鸟儿体重超重。像人类一样，鸟类也会有发胖的烦恼。

寄生虫

鸟类体内的寄生虫，如线虫（Nematodes）、禽张口病（Gapes）、砂囊线虫（Gizzard worm）和华首线虫（Acuaria）都是引起卵不受精的常见原因。体内寄生虫通过摄取宿主体内的营养使它们消瘦而且越来越虚弱，更常见的是引起维生素和其他营养素的继发性缺乏，所以所有繁殖的种鸟都应该定期进行驱虫。

体外寄生虫，跳蚤、虱子等，对鸟类来说是一种持续的刺激源，会影响它们的健康。持续的吸血会引起鸟类贫血，而在排泄口周围聚集的寄生虫会使它们互相啄食羽毛，这些伤口的二次感染也会引起繁殖力降低。

许多品牌的杀虫剂，对驱除体外寄生虫都有较好的效果，而对鸟类无害，应该选择一款定期在繁殖季节之前使用。

环　境

生活环境缺乏趣味性，生活在其中的鸟儿无精打采，没有活力；脚踝陷在深深的淤泥中；不停地互相啄羽，有这些不良表现和不正常行为的鸟儿，都不太可能产受精卵。所有圈养动物的生活环境都必须达到最基础的饲养环境要求。

饲养笼舍应该适应鸟类的生活习性，有供雏鸟活动的运动场，有带屋顶的棚屋和开放式水池，笼舍中应该有庇护场所，使鸟儿在极端的天气温度下以及下雨时受到保护，鸟儿应该随时能喝到清洁的水，如果饲养环境泥泞而潮湿，疾病将会很快地积蓄并迅速暴发。

光照和温度都是促进鸟类繁殖的刺激因素，但有时它们对于雄鸟和雌鸟的作用不是同步的。

大多数水禽只能在水中交配，而饲养环境中缺乏合适的水域通常是水禽产卵不受精的一个常见原因。

压　力

恶劣的饲养环境和/或糟糕的管理通常能给动物造成压力。饲养笼舍空间小或所处位置不佳，笼中的鸟儿总表现有刻板行

31

为，如在笼舍中来回踱步，或在笼网中上蹿下跳，总试图躲藏或逃避，鸟儿处于这种紧张状态都是不利于卵的受精的。笼网外部经常出现的威胁，如淘气的孩子用小木棍从网眼伸进笼舍，猫在笼网外想进入，狗在笼网外上蹦下跳，这些都会给笼中的鸟儿特别是胆小的个体造成压力。一些害兽如老鼠、鼬等侵入笼舍后，除了把食物吃光外，也会对鸟儿造成同样的压力。

来自同笼的其他种鸟类的威胁，或被其他雄性个体经常追逐交配的压力，也常常会影响正常的交配。

与绿头鸭的"强行交配"式的繁殖方式不同，许多鸟类在交配前需要时间和没有干扰的环境来完成求爱仪式。如果没有合适的区域，或者经常有各种干扰，它们就不能进行成功的交配。

相反，有特殊求偶方式的物种，如松鸡科鸟类，通过求偶场竞技的方式求偶，它们需要来自其他雄鸟的炫耀行为的刺激，因此可以将它们饲养在相邻的笼舍，让它们通过笼舍间隔网互相看到对方，这样每只雄鸟都认为自己赢得了与对方的这场比赛，并通过与雌鸟交配来证明这一点。但相邻饲养，用可见的炫耀行为做为刺激的方式并不适用于雁类，因为在繁殖期成对雁类会拥有自己的领地，它们本能地会驱赶领地内的其他竞争个体或与之决一胜负，因此它们的饲养笼舍之间必须用更高大的阻挡双方视线的篱笆或立体围栏，将它们互相隔离饲养。

心理"去势"

群体中交配的鸟类，几只雄鸟拥有多只雌鸟，在群体中雄鸟的等级地位通过啄食顺序建立起来。等级地位最高的雄鸟个体会把另一只地位低的雄鸟从一只雌鸟身边赶走，以便它和这只雌鸟交配。占第二优势地位的雄鸟也会同样地对待其他的弱势个体，这种行为会沿着等级由上往下顺延，最底层的那只个体可能会受到最猛烈的攻击，以致它的身体状况最为不佳。如果将这只雄鸟从群体分出去，同样分配给它雌鸟，它仍然不能很好地交配，就像被阉割的动物不能交配一样，这样的雄鸟从心理上已经被"阉割"了。

配偶的选择性

像红腿石鸡这样的鸟类，一只雄鸟能与几只雌鸟配对，我们通常将雄鸟与几只雌鸟养在一起，并期望它能与同群中的几只雌鸟都交配，得到各自的后代，但结果往往不如我们所想，有时雄鸟只会与其中一只雌鸟交配，而完全忽视其他雌鸟，不与它们交配，这使它们产的卵都不受精。家鸡也有这种情况，除了一只母鸡，其他母鸡均不能吸引公鸡的注意。在一夫一妻单配制的鸟类中，雄鸟和雌鸟之间能建立稳定的配偶关系，因此雄鸟只与它的配偶交配。

不正常的印记

出壳后的几个小时里，雏鸟会把最先看到的物体（可以是人类，不同种的动物，甚至还可以是一个物体，如手杖）认做是自己的母亲，在以后无论"母亲"走到哪里，雏鸟就会跟到哪里。当然只有亲鸟自然孵化出的雏鸟，首先看到的才是它们的亲生父母。一些鸟类，尤其是雁类，早期形成的印记非常稳固，可以维持一生。还有一些鸟类，如雉类，在幼年时期由于人类给它们喂食，所以可能总会跟随一个特定的人，但它的这这种行为维持的时间不会很长。多数鸟类，随着雏鸟生长，印记会逐渐消失，但雁类则不同，人工养育长大的雏雁，早期所形成的印记会非常深刻，它们只愿意与抚养它长大、形成印记的非同类交配。例如同一窝雏雁经人工养育长大，成年后只愿意与自己的兄弟姐妹交配；而单一地经人工养育长大的雏雁，始终深信养育它长大的人才是它的配偶，这些形成错误印记的鸟，对于未来的繁殖可以说是毫无用处的。多年以前，一位著名的养鸟人，成功地人工养育了一只雄性红胸黑雁（在当时红胸黑雁是很难在圈养下繁殖的种类）。这只雁生活环境中只有红外线灯，一个食盘和一只铝质的水罐。将这只雄雁养大后，养鸟人非常有成就感，又花费一大笔钱买来一只雌雁，让它们快乐地一起生活，希望它们能繁殖后代。繁殖季节到来以后，雌雁开始产卵，但雄雁却不想与雌雁交配，而是不断地把它从铝质水罐旁边赶走，一心一意地想和水罐交配，它不停地对着水罐叫，一次次试图飞上水罐进行交配，无奈的养鸟人只好将水罐移走，换成水槽，雄雁从此就一蹶不振，不在状态。

养鸟人于是为雌雁换了另一只雄雁，这只雄雁从小在牛舍里长大，对奶牛有很深的印记，而这只雄雁仍然对雌雁没有兴趣，却立刻被牧场里的一头棕色的奶牛所吸引。这头棕色奶牛后来被卖掉，换成了一头黑色奶牛，但这并没有使雄雁有什么改变，它仍旧对黑色奶牛很感兴趣，看来这只雄雁并没有注意到奶牛所发生的变化。

雉类和鸭类形成印记的行为虽然表现得不如雁类这么极端，但仍会发生。当雏鸟被不同种类的鸟义亲养育长大以后，在早期形成的印记会使它们在成年后不认识自己的同类，还经常会与和它们一起长大的异类物种进行杂交。这种现象今后对于一些珍稀物种的繁殖，将是一个很难解决的问题。

20 世纪 70 年代，人工养育珍稀雉类和国外引进的雉类时，通常是用育雏箱单独饲养，育雏箱是木质的小箱子，内部刷白色油漆，箱顶部装有普通白炽灯。使用这种育雏箱对于预防疾病和啄羽很有效。但是雏鸟除了白色、明亮的环境之外，对任何东西都没有印记，这无疑对它的今后没有任何积极的影响。

今天，饲养者用这种方式养育雏鸟时，虽然木质育雏箱内部使用了陶瓷灯或红光灯，但即使是这样，当这些雏鸟到成年以后，对异性也并不感兴趣：这是因为它们的繁殖本能在出生以后就被抑制了。对于这样的鸟，繁殖的唯一方法似乎就是人工授精。在 20 世纪 70 年代，大多数的圈养种群中近亲繁殖非常严重，因此更加剧了类似繁殖问题的出现，而使问题表现得非常明显。而在今天，这种繁殖问题似乎显得并不明显，原因也许是在今天有洲际动物的交换，再加上从野外获得的野生个体，因而一定程度上缓解了近亲繁殖，使今天繁殖出的后代更具有活力。

幸运的是，如果我们把同一窝雏鸟一起人工养育，虽然它们对兄弟姐妹产生了印记，但至少它们能识别自己的同类。

近亲繁殖

发生近亲繁殖时，一些隐性性状会在其后代中显现出来，这些隐性基因通常使其后代表现为体质弱，缺乏活力，求偶炫耀行为表现不足，对异性缺乏兴趣，雄鸟只产生少量而且质量很低的精液，一些隐性性状还是致命的。有亲缘关系的双亲，有时即使能产下受精卵，但携带致命隐性基因的胚芽在继续发育之前就有可能死亡，而这样的卵有时也会被误认为是不受精卵。引入没有亲缘关系的鸟进行繁殖则不同，由于父母双亲不携带相同的隐性基因，受精后不会有隐性的纯合基因，它们的后代不会表现出隐性性状，因此能使繁殖率得到很大地提高。

这种原理在商业肉鸡养殖中得到了充分地应用。例如四种没有亲缘关系、纯正的祖父母肉鸡品系被保存和使用时，将其中两个品种产生的雌性后代作为母系，另两个品种产生的雄性后代作为父系，产生的子一代表现出体格强壮和肉质优良的杂交优势，但如果用这些有亲缘关系的子一代之中互相交配，子二代表现出的相应的性状则不如它们的父母。

原发性不孕

有时，一个遗传基因非常完美的健康的雄鸟，天生不产生精子，雄鸟的睾丸和输精管存在的缺陷使它天生就不能产生后代。

导致天生不孕的原因目前还不十分明确，但可能有以下几个因素：不良的孵化育雏技术，特别是孵化温度过高或温度波动过大，在胚胎生殖器官发育阶段，会对其发育产生不利影响，造成成年以后雄鸟的睾丸功能下降，雌鸟的产卵能力也同样会降低。

原发性垂体功能障碍不能充分刺激睾丸产生精子。病毒感染会导致不育（在人类中，这也可能发生在感染腮腺炎的年轻人身上），病毒感染从泄殖腔开始上升至输精管，引起的疤痕，会阻止交配时精子的释放。

人工辅助受精

一些物种或品种由于近亲繁殖严重，无法成功地进行自然繁殖，例如经人工选育的肉用火鸡，身体的某些部位是为了最大限度地长肉，这使它们身体结构已经不能进行自然交配，它们繁殖的唯一方法就是人工授精。

人工授精技术很简单，但需要熟练的技巧。需要做人工授精的个体通常被养在小笼里，这样是为了方便捕捉，进行授精的训练和操作，还可以避免在人工授精之前花很长时间追逐和捕捉，捕捉动物所产生的应激反应会对人工授精产生不利的影响。

以家鸡为例，对公鸡进行采精时，一手握住公鸡双腿的跗关节处，将它的胸部抵在操作者的大腿上，鸡的头部位于操作者另一只手前臂的下方，用这只手从鸡的背部向尾部轻轻地按摩几分钟，这时公鸡会有翘尾的反应，在另一名助手的帮助下，采精人用手从鸡的下腹部向泄殖腔方向轻轻按摩，双手在泄殖腔周围轻轻按压，精液即可排出，这时助手立即用移液管或小烧杯进行收集。精液被收集后，需要立刻向母鸡的输卵管内输精，如果精液的数量和质量好，可以给多只母鸡输精。

给母鸡输精时保定按摩的手法和公鸡采精相似，当母鸡的泄殖腔外翻后可以看见泄殖腔内侧壁的输卵管开口。但对于没有产过卵的母鸡很难用按摩的方法使其泄殖腔外翻，如果强行操作则会使母鸡受伤。输卵管口露出以后，就可以将刚收集的精液注入。如果受精过程能在母鸡体内顺利完成，母鸡在人工授精完成两天以后所产的卵应该是受精卵。

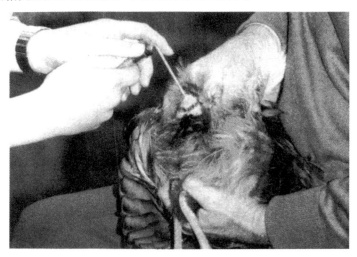

图 4.1 褐马鸡人工采精按摩图（按摩褐马鸡雄鸡进行人工采精，注意按摩者和助手的位置，助手正将采集到的少量宝贵精液吸入一个玻璃管内）

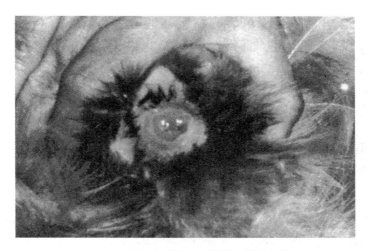

图 4.2　雌鸟泄殖腔外翻时暴露出的输卵管口

激素注射已经应用于帮助鸟儿提前进入繁殖状态。

在正常的繁殖季节以外，如果需要得到鸟类的受精卵，可以通过人工的光周期来实现。以珍珠鸡为例，在最初的 10 周内，雏鸟在连续的光照下长大，这能刺激它们吃得多，长得快。在这段时期内每天至少要有 10 小时的光照。在这之后，光照时间减少到每天 8 小时，并一直保持这个光照水平，直到22 周龄。

22 周龄以后雏鸟被转移到小笼中饲养，这期间每天增加光照 0.5 小时，直到每天光照达到 16 小时，这样的光照时间一直持续到雏鸟 34 周龄，这时雌性珍珠鸡会逐渐达到产卵高峰。光照强度对于产卵并不重要，但环境光照过强会导致雏鸟养成啄癖，在这期间饲养温度不能低于 15.5℃（60℉）。

使用人工光周期的雌鸟，产卵高峰能持续到 38 周龄，整个产卵期每只雌鸟大约能产 170~180 枚卵。如果这时没有雄鸟，卵就不能受精，因此通常需要给雌鸟每 3 天做一次人工授精。使用人工光照周期对于大多数鸟类来说，都可以在繁殖季节以外获得受精卵。

人工光照周期的方法被广泛地应用于肉用火鸡养殖中。通过光照时间的递减，延长火鸡到达性成熟的时间，使它们在性成熟之前体重得到充分的增长。

在人工饲养环境中，常常出现这种情况，繁殖季节到来时，雌鸟已经产卵，但雄鸟还没有完全进入繁殖状态，没有求偶和交配行为，这也是导致圈养鸟产卵不受精的一个原因。这种雌鸟和雄鸟在繁殖时间上的不同步，也可以用调节光照的方法来改善。如在雌鸟开始产卵的前几周，可以将雄鸟与雌鸟隔离，通过增加对雄鸟的光照时间，促使它尽快进入繁殖状态。

有些雄鸟天生不能使卵受精，遇到这种情况，除了更换雄鸟外，似乎就没有什么好方法了。

第五章　卵的孵化力

实际上并不是所有的受精卵都能保证被孵化出壳。尽管不成功的孵化每年会损失许多枚受精卵，但有时即使在最好的孵化条件下也会有一些卵无法孵化出壳，因为这些卵的存在天生缺陷或不足，使卵无法成功地孵化。卵在保存管理过程中的不善也会毁掉一枚好卵，但一枚天生质量不好的卵，被产出以后就无法再得到改善了。

孵化率通常是指孵化出壳的卵占入孵的受精卵的百分率，而不是占所有入孵卵的百分率。

如果卵被看作是一张设计蓝图，或一组遗传指令，加上足够的工具和建筑材料，一起来制造一只新的雏鸟，那么如果在这张蓝图、工具或材料中出现任何错误或遗漏，都会导致卵中的雏鸟不能成功地孵化出壳，即使卵在孵化过程中大多数发育过程都可能发生。

同样，即使卵在被刚产下时完全有可能发育成一只新的鸟，但由于储存不善、感染和孵化条件不良也能导致卵中内容物变质，而使卵不能成功地孵化。

这些有缺陷或被损坏了的卵死亡率发生最高的阶段是在孵

化后期，也就是说雏鸟是死在卵壳中。

影响孵化率的因素

亲鸟的年龄

与卵的受精力一样，卵的孵化力也受到它们父母年龄的影响。如果卵是来自很年轻的亲鸟，那么通常这些卵的孵化率不会很高。不是因为胚芽太弱就是因为雌鸟还不完全成熟，或者是产卵期雌鸟的基础代谢无法为卵提供足够的胚胎发育所需要的维生素、矿物质等营养物质。

对于环颈雉来说，同为首次产卵的雌鸟，12 月龄的个体比 9 月龄的同胞姊妹所产卵的质量要高得多，所以将孵化出壳早的雏鸟留作为繁殖种鸟要比仅留下最后出壳的雏鸟做种鸟更好。

随着鸟年龄的增长，卵中含有能影响后代健康的重要的基因片段会逐渐减少，而这些片段对雏鸟的健康和活力至关重要。在一个繁殖季中如果产卵过程持续时间过长，对于雌鸟来说是很大的消耗，即使在饮食中并不缺乏一些基础的微量元素，但它们将这些微量元素转运到卵中的能力也会随之下降。

这种随年龄增长而逐渐下降的繁殖能力，在不同种类之间有着明显的差异，也会成为不同个体的特有特征。通常来说，家鸡、鸭和环颈雉的繁殖性能在商业养殖业中只持续利用两年。而对于家鹅来说，商业利用可以持续到十到十二年，这些种类通常在两岁到三岁以后才达到性成熟，所以它们的繁殖年限比那些第一年就能成熟产卵的种类更长。

遗传因素

有些鸟类的个体在好的饲养环境中能存活并能产卵，它们的卵能受精但卵的孵化率却很低，这是因为卵有遗传缺陷。卵内的许多对基因参与和影响雌鸟的新陈代谢和胚胎的生理机能。这些基因通常是隐性基因，由于被占优势的显性基因所掩盖，通常它们不会对正常的鸟产生影响。但近亲繁殖可以使隐性基因性状得以表现，近亲繁殖能使隐性基因所控制的一个理想性状表现出来，如羽毛颜色、产卵性能或生长速度的特性，但同时也会使许多不良的隐性性状表现出来。这些不良的性状可以表现为雏鸟在出壳过程的力量不足；或亲鸟不能将身体中的重要营养物质调动补充到卵中，这也就阻碍了胚胎的发育。

人工圈养下的一些稀有鸟类，不可避免地会出现很严重的近亲繁殖，这些隐性性状会表现得非常明显，以至于使该物种濒临灭绝。在家禽的饲养中，近亲繁殖已经丧失了家禽的许多优良品种。

对这些近亲繁殖有缺陷的生物，唯一的希望就是与其他品系进行杂交，虽然杂交的个体也可能有自己的基因缺陷，但它的缺陷与近亲繁殖个体的缺陷不同，来自其他品系的显性基因将掩盖原先的基因缺陷，从而给后代带来新的遗传优势。人们希望通过杂交会得到一些不带任何不良基因的个体，而使物种能够继续生存下去。这种杂交优势被广泛应用于家禽产业，以获得更高的产肉和产蛋效益。

在鸟类和动物中，一些种类似乎不携带不良的隐性基因，可以无限制地近亲繁殖而没有明显的危害，最典型的例子是澳大利亚兔，数以百万计的澳大利亚兔是最早引进到澳大利亚的七只个体的后裔。据推测，任何一只带有不良性状的兔子都不能产生能存活的后代，有缺陷的个体最终被自然选择所淘汰。

类似的选择性家族内的近交繁殖也发生在北极筑巢繁殖、迁徙的雁中。这些雁每年都会回到同一繁殖地，选择有亲缘关系的个体作为配偶，筑巢繁殖。于是在许多年以后，就产生了五个加拿大雁族群（*B. canadensis*）和三个布伦特雁族群（*B. bernicla*），直到由于人为因素使这些不同的族群之间开始有了杂交，杂交优势使一些野生的加拿大雁能成功地在不列颠群岛和其他地方生存下来。

健康与环境

鸟类的饲养环境对它们的健康状况起着决定性的作用，而鸟类良好的健康状况是卵具有良好的受精力和孵化力的先决条件。

笼舍：圈养鸟的笼舍必须选择在适合的地方搭建，需要考虑的因素有：所饲养鸟类的自然栖息地状况，一年中四季、温度、光照强度的变化和天气状况等因素。必须能够使生活在笼舍中的鸟儿保持舒适和清洁。

光照：大多数鸟类的繁殖都受到光周期的影响，光照时间逐渐增加时开始繁殖。光照时间的变化不仅影响鸟类的生殖器官，雌鸟的新陈代谢也会随之发生变化，从而能够从自己身体中提取卵所需的必要营养成分，如果光照不足或不适宜的光照条件则会影响雌鸟的这种新陈代谢的变化，对卵产生不利影响。

温度：极端的温度会影响卵的产生。与不适宜的光照情况一样，极端的温度可能不会对产卵数量产生大的影响，但可能影响卵的孵化力，因为这些卵在某些基本成分上会略有不足。

天气：任何影响鸟类舒适度的因素都可能影响卵的孵化力。寒冷，四面透风的围栏，没有躲避恶劣天气用来遮风挡雨的棚屋，这些都不能使种鸟具有的好的潜能激发出来。

疾病的积累：在自然状态下，鸟类无法控制何时排便。在它们停留时间最长的地方，不管是在鸭子活动的水中还是在雉类栖息的栖杠下方的地面上，通常会有一大堆粪便。这些粪便是鸟类健康的最大威胁。首先，粪便中含有鸟类体内发生生物化学反应产生的所有废物，如果鸟儿再将它们食入，则需要消耗大量能量将这些废物再次排出，如果食入量很大，则很可能对身体产生毒性。更重要的是，粪便中会含有细菌和寄生虫的卵。

健康鸟类肠道中通常存在细菌，但如果肠道细菌的数量超过了这只鸟所能应对的数量，就会使鸟致病，这种情况可能会突然发生，导致鸟突然死亡，但更常见的是使鸟呈现一种慢性衰弱状态。

大多数鸟类携带一些体内寄生虫，这些寄生虫对鸟本身没有什么伤害。但如果鸟频繁地发生再次感染，寄生虫所产生的负荷就会迅速增加。寄生虫的存在可以减少鸟对食物的摄入量，但主要的影响是造成维生素的继发性缺乏。肠道细菌和体内寄生虫的积累都会对卵的孵化力造成明显的影响。

获得自然的食物和水：尽管生产家禽饲料的工厂尽最大努力生产出各种人工配合饲料，但事实证明：大多数种类的观赏性鸟类如果能得到天然食物，如草、昆虫和蠕虫，那么它们产的卵会有更高的孵化力。但不幸的是，鸟类在摄取这些天然食物时往往也会引起细菌和寄生虫在体内积累，因此，还是远离这些麻烦为好。我们可以通过在它们的饲养笼舍中铺垫干燥的沙子，或采用网上饲养方式，同时用剪草投喂等方法，使它们免于这些疾病的困扰。

特殊疾病

身体虚弱或患病的鸟所产的卵，其孵化力会很差，很显然，患过某种疾病的鸟，即使已经康复，可能也会受到疾病的影响，产下质量不高的卵。最明显的例子是，一只雌鸟生殖道曾经感染，尽管它已经痊愈，但生殖道中会留下疤痕。这些疤痕会使雌鸟以后产出畸形卵。虽然疾病对雌鸟的损害从表面上看不见，但它们在以后所产的卵可能会有缺陷，造成这种缺陷的原因通常是由于食物在肠道中不能被很好地吸收。

病毒感染

家禽养殖业受到一系列病毒性疾病的困扰，其中大多数病毒性疾病的鉴定是在密集养殖的禽鸟中已经发生大规模疫情以后。新的病毒不断被发现。目前发现的主要病毒性疾病有鸡新城疫病（Newcastle disease）、鸡传染性支气管炎（Infectious bronchitis）、淋巴球性白血病（Lymphoid leucosis）、鸡马立克氏病（Marek's disease）、传染性法氏囊病（Gumboro disease）、禽脑脊髓炎（Avian encephalomyelitis）、禽痘（Fowl pox）和鸭瘟疫（Duck plague）。

所有这些病毒性疾病所引起的死亡率都很高，个体在痊愈后卵的孵化力也很低。即使痊愈后，一些曾患病的鸟仍然携带病毒，病毒可以通过卵传播，所以孵化机中一起孵化的其他卵可能受到感染。由于过度集约化的家禽产业中暴发的病毒性疾病，有可能传染给观赏鸟类，大多数国家因此制定了严格的检疫法律。

细菌感染

禽结核病　这是一种慢性消耗性疾病，导致卵受精力和孵化力很低。幸运的是，致病的分枝杆菌（mycobacterium）不会在卵内部携带，也不会在蛋壳上携带和传播。受感染个体的粪便可以传播这种疾病，年老的鸟类个体易受感染。

沙门氏菌感染　沙门氏菌有很多种类，从导致人类伤寒的伤寒杆菌，到引起禽鸟灾难的鸡白痢沙门氏菌（salmonella pullorum）。这种疾病多年来一直困扰着养殖业，实际上任何一种鸟类都可能感染这种病。这种疾病曾被称为 BWD 鸡白痢，会导致感染个体的高死亡率和慢性衰弱，而且细菌还会在卵内部和卵壳上携带和传播。感染了细菌的卵的孵化率非常低，出壳的雏鸟死亡率接近100%。细菌能在孵化机内、收集卵的篮子、育雏箱和雏鸟运输箱中迅速传播，这些设备、用具如果没有进行充分的消毒，对于繁殖可能造成不可估量的损害。一枚带菌卵可能会毁掉整个一个繁殖季的孵化。

禽霍乱 这种病有时会在禽鸟中流行而造成大批死亡。病愈后的雌鸟产卵的质量很差，卵经孵化后经常会出现一些吸收不良的症状。

链球菌和葡萄球菌感染 这些病菌经常会感染伤口，导致关节、脚和输卵管发炎。卵壳受到污染以后，病菌会在孵化机中迅速扩散开来，导致很多卵在孵化后期死亡。

大肠杆菌感染 大肠杆菌有许多株系，它们都与排泄物有关。有些菌株是有剧毒的。污秽的地面和肮脏的巢，意味着鸟和鸟卵都可能受到感染。许多失败的孵化都与大肠杆菌有关。

支原体感染 支原体是一种与病毒近似的很小的细菌，通过卵传播。它往往呈地方性群发，有时是导致卵孵化不良的原因。

原虫感染

原虫感染主要包括各种球虫病和黑头病。慢性地方性感染会引起鸟儿全身无力，由于失血而引起贫血和取食量减少。寄生虫不会在孵化机中传播，但雌鸟感染后会影响产卵，还会影响卵的孵化力。

肠道和其他体内寄生虫

感染寄生虫以后，鸟不仅会出现取食量减少，而且尽管在饮食供给充足的情况下，成鸟也会出现原发性维生素缺乏的症状，这自然会影响到卵的孵化力。有多种类型的蠕虫和吸虫可以寄生在鸟的体内，但没有一种可以寄生在卵表面或卵的内部。

影响卵的孵化力的主要原因是继发性维生素缺乏。

真菌感染

曲霉菌是一种在潮湿和腐烂的植物上生长的真菌，能侵袭大多数种类的鸟类，通常感染肺部。曲霉菌是一种慢性消耗疾病，感染的大多数鸟最后通常是由于其他疾病死去，这种病可以在幼鸟中引起流行。卵进行孵化时预防曲霉菌是非常重要的，由于曲霉菌的孢子能在卵孵化之前和过程中侵入卵的内部，使卵的内容物腐烂，膨胀爆裂。曲霉菌能在孵化机中卵和卵之间迅速传播，对孵化造成致命的影响。

药物及食品添加剂

在雌鸟产卵期间喂食的许多种药物都能在卵中被检测到，有时在停药以后相当长的一段时间里药物仍然存在。作为预防措施，抗球虫药、抗生素和驱寄生虫药物通常在一些禽鸟的饲料中低剂量定期添加，而在治疗时会以更高的剂量添加到饲料中。

所有的这些添加剂都能显著地降低卵的孵化力，尤其是在这些添加剂高剂量添加时。它们通过干扰胚胎发育过程的生化反应过程起作用，会导致胚胎的死亡或畸形。也就是说，这些添加的药物具有致畸性，沙利度胺（thalidomide）对人类胚胎的致畸性就是一个典型例子。

一些种类的维生素，尤其是叶酸，是由肠道中的细菌制造的。正常情况下这些维生素的正常来源就是这些细菌，而抗生素会杀死这些细菌，从而导致叶酸的继发性缺乏。处于繁殖期的种鸟不应使用抗生素，除非是用于治疗特定的感染疾病。

亲鸟的营养

一旦卵被产出以后，就无法再往里添加营养物质了。所以为了胚胎的成功发育，在卵产出之前，卵内必须含有孵化过程中所需要的一切物质。卵就如同一艘宇宙飞船，要成功地完成漫长而孤独的孵化过程，必须携带足够的养料。

雌鸟日粮中任何营养的缺乏，疾病或身体机能上的缺陷，都会阻止其将重要营养成分转移到卵中，这些将会导致胚胎在以后的发育过程中产生缺陷，甚至死亡。

卵的成分是水、蛋白质、脂肪和微量的维生素和矿物质，这些都必须来自雌鸟的饮食。

除了明显的食物不足，如果笼中的鸟没有得到足够的食物满足它们的日常需要，诸如取食时过度拥挤，被其他个体欺负，饮水不足，体内有寄生虫和持续的压力等，都可以引起营养素的继发性缺乏。

雌鸟日粮中必须含有碳水化合物、蛋白质、脂肪、维生素、矿物质，以及粗纤维食物、沙砾，还有水。这些营养物质的供给量不仅要充足，而且每一种物质所占的比例也应该是正确的。

碳水化合物

碳水化合物主要来自饮食中的谷物，如小麦、玉米、燕麦和大麦，这些谷物中所含的淀粉，它的功能是提供能量：用于运动、生长以及复杂的生化反应过程，这些反应能使必要的营养成分进入卵内。

在化学成分上，碳水化合物的基本结构是单糖。这些单糖分子以链状结合在一起形成淀粉，不溶于水，因此更容易被植物储存。

糖分子以更复杂的排列形成了纤维素和木质素，这是所有植物重要的结构组成部分，使它们具有硬度，食物中的这些纤维素和木质素被归为膳食纤维。

将淀粉分解成单糖的基本组成成分，只需要很少的化学能，这个分解过程在所有鸟类的肠道中都很容易完成。但鸟类的肠道不能分解木质素和纤维素，所以这些木质素和纤维素根本不能被转化成能量再加以利用。

单糖能很容易地被分解成更小的分子，在这个分解过程中还能为其他反应提供化学能。这些小分子是构成脂肪酸链的基础结构，脂肪酸链结合在一起形成用于储备的脂肪。相同的重量下，脂肪所提供的能量比淀粉多得多。卵中有 10% 的物质是脂肪，卵中却不能储存游离的碳水化合物。

这些能量只能通过雌鸟的日常饮食获得，鸟类通常通过进食来满足对能量的需求。不同谷物中所含淀粉与纤维素的比例有很大不同。尽管淀粉和纤维素在化学上都属于碳水化合物，但是因为鸟类只能够利用淀粉中的能量，所以食物中碳水化合物的含量不仅是通过食物的重量来衡量，也通过生物可利用的单位重量食物中卡路里量来衡量。由于饮食中也会含有一些高能量的脂肪和油，所以它们也包含在日粮所含有的能量中。

蛋白质

蛋白质是生命组成物质。所有的肌肉都是由蛋白质构成的。卵中大约有 15% 的物质是蛋白质，其中大部分被用于形成发育中雏鸟的身体结构。

饮食中的蛋白质可以来源于植物，也可以来源于动物。小麦、大豆和草都富含蛋白质，但玉米、水果和蔬菜中蛋白含量都很低。鱼粉、肉、骨头和羽毛粉以及一些活食都是蛋白质很好的来源。蛋白质由氨基酸链组成，这些链条被编织成复杂的结构，几乎形成了身体中所有的组织、血液、肌肉、骨骼、羽毛和皮肤。

氨基酸都是以氨分子 NH_3 为基础的，氨分子的三个氢离子之一被一个复杂的有机根所取代。自然界中大约有 20 种氨基酸，它们存在于某种类型的蛋白质中，蛋白质的性质就取决于氨基酸链的排列方式，以及链的编织或连接的方式。有些氨基酸被称为非必需氨基酸，也就是说，鸟类可以通过饮食中获得的其他氨基酸自己合成。其他的是必需氨基酸，也就是说，这些氨基酸是不能由鸟类自身合成，而必须从饮食中摄取。必需氨基酸或非必需氨基酸都不能在体内储存，因此必须有规律地每日从食物中摄入。从饮食中摄入的蛋白质，产生的多余的氨基酸被分解用来提供能量，当 NH_2 被分解为惰性尿酸后，它就被肾脏排出体外。当提供并摄入过量的蛋白质时，这种尿酸会在体内积聚，并以白色薄膜的形式沉积在体内的大部分脏器表面，引起内脏痛风。在某些情况下，尿酸的晶体出现在关节处，会造成常见的痛风。

来源于食物中蛋白质的质量各不相同，这不仅取决于其中必需氨基酸和非必需氨基酸的比例，还取决于这些氨基酸连接在一起的方式，以及鸟类是否具有分解这些氨基酸所需的消化酶。例如：一只优质旧皮靴绝对是必需氨基酸的来源，但由于化学过程将原始皮肤变成皮革，使氨基酸紧密结合在一起，如果将旧皮靴作为一种食物，鸟类无法食用它，因此它对鸟类是没有任何用处的。

植物蛋白与动物蛋白的氨基酸组成完全不同，但如果只饲喂植物蛋白，会导致一种或多种必需氨基酸的相对缺乏。

对于鸟类来说，必需氨基酸是赖氨酸、胱氨酸、蛋氨酸、苏氨酸和色氨酸，而其他的氨基酸鸟类都可以利用所摄入的食物在自己的体内很容易地制造出来。

如果蛋白质的来源仅从饮食中的植物性蛋白中获得，造成必需氨基酸缺乏时，可以通过添加高质量的动物蛋白或正确剂量的人工合成添加剂来补充所缺乏的氨基酸。使用大批量的商业日粮时，添加剂的日常费用，由添加方法决定。

日粮的质量通常以蛋白质的百分含量表示，以有效氮为单位，包含赖氨酸、蛋氨酸与胱氨酸的百分含量。大多数的繁殖日粮的蛋白质含量是 15%~20%。

鸡卵中的大部分蛋白质都存在于蛋白中，蛋白质中含有的所有氨基酸均按正确的比例，以简单的链松散地结合在一起，两条链之间几乎没有键。对于胚胎来说这些氨基酸可以完全被吸收利用，几乎不会浪费。所有的这些氨基酸也必须在雌鸟的饮食中提供，而且需要有正确的比例，是雌鸟所能够吸收利用的。在食物中，蛋白质的质量要比其总含量重要得多。

脂　肪

脂肪是鸟类食物中必不可少的一部分，在食物中通常占3%左右。脂肪一般来源于植物油和鱼油，还有水果表面以及昆虫体内的蜡质和一些动物脂肪。

脂肪有两种功能，分为可见功能和不可见功能：可见功能的脂肪有储备能量的体脂；不可见功能的脂肪是身体组织结构的重要组成成分，它存在于大脑、脊髓、神经和血管中。

体内的储备型脂肪是甘油与脂肪酸链结合形成的酯类。脂肪酸是由碳和氢原子组成的长链。那些含有最多数量的氢原子的脂肪酸被称为饱和脂肪酸，形成的脂肪在体温下呈固态，那些明显含有少于最大氢原子数的脂肪酸是不饱和脂肪酸，形成的脂肪在体温下呈液态。从饮食中摄入的碳水化合物所产生的储备型脂肪主要趋于形成饱和脂肪。

鸟类饮食中需要一些不饱和脂肪，否则体内会发生不正常的脂肪沉积，从而导致动脉和心脏出现问题。

结构型脂肪是大量复杂的分子，包括胆固醇、卵磷脂、脂蛋白和其他分子。已知至少有两种脂肪酸是体内合成脂肪时所必需的：亚油酸和亚麻酸。鸟类无法在体内合成这些脂肪酸，所以它们必须在饮食中提供。这两种脂肪酸广泛存在于植物性食物和动物性食物中，在动物性食物中的含量要多得多。可能还有更多的必需脂肪酸需要从自然食物中获得，即使对于家鸡来说，这些脂肪酸仍然没有被确认为是必需的脂肪酸，毕竟并不是所有鸟类所需要的脂肪酸都是相同的。

一般来说，食草动物能够合成自己需要的脂肪酸，也就是说，这些脂肪酸对于它们都不是必需的脂肪酸，而食肉动物不能合成脂肪酸，必须从饮食中摄入，也就是说，这些脂肪酸对于食肉动物来说是必需脂肪酸。在鸟类中，脂肪酸合成的能力很可能有类似的规律，有些脂肪酸对于某些物种来说是必不可少的。

缺乏必需脂肪酸会导致家鸡发育不良、神经紊乱和动脉过早硬化。动脉过早硬化，会伴有心脏紊乱。在某些圈养热带鸟类中也存在这个问题，可能是由于它们缺乏目前尚未明确的必需脂肪酸。这些必需脂肪酸存在于天然食物中，但在商业的鸡饲料中却没有。

维生素

维生素对生命来说是必不可少的。在日常饮食中，这些物质的含量非常少，如果食物中缺乏这些物质，很快就会引起健康问题，最终导致死亡。维生素是不能在体内合成的。

所有生命复杂的生化过程都是通过酶的作用实现的。这些过程中的每一个步骤都需要有其特异的酶，确保通过反应得到所需要的产物，而非其他产物。目前已知的酶有数千种，但还有更多的酶尚未被确认，它们每一种都是不同的。每一种维生素都是某种酶或酶系统的完整结构的组成部分。

维生素的缺乏将使特定的反应步骤无法进行，无论是淀粉分解、蛋白质积累还是废物排泄的过程。

维生素缺乏可以是整体的、部分的，或者仅仅是边缘性缺乏。同样的饮食，对于非产卵期的鸟类来说维生素是充足的，但对于进入产卵期的鸟类来说可能就会导致缺乏，因为鸟类在产卵的过程中，对维生素的需求会大大增加。为了能够成功地孵化，每枚卵中都必须含有胚胎发育和生长所需的所有维生素，所以在饮食中需要提供额外的维生素，来满足所有卵的需要，而不仅仅是满足一枚卵的需要。

一种日粮中含有的维生素可能会使产卵的雌鸟充满活力、满足它的产蛋性能，而且使它保持健康，但如果其中一种或多种维生素略有不足就会使雌鸟产的卵的孵化力降低。

刚孵化出壳的雏鸟早期的成长状况也取决于雌鸟饮食中维生素是否充足。因为新孵出的雏鸟很难从其摄入的食物中吸收维生素，所以新出壳的雏鸟需要的维生素是从卵中携带的。

维生素的发现

最初，人们对于维生素的存在以及这种物质对于动物是否需要持有怀疑态度，但很快就发现与维生素有关的物质不止有一种。由于这些物质中每种物质都是在没有进行化学鉴定的情况下被分类，所以它们都是用字母表中字母来标记的。各种维生素被命名为维生素 A、B、C、D 等一直排列到维生素 K。直到维生素 K 被发现时，维生素 B 已经被细分为 12 种不同的物质，其中一些物质被证明属于维生素范畴，与字母命名的维生素是同类物质，而另一些物质则不属于维生素。现在虽然多数种类的维生素已经有它们的化学名称，但为了方便起见，旧的分类名仍然被沿用下来。

维生素 A、D、E 和维生素 K 是脂溶性的；它们可以储存在体内脂肪中。B 族维生素和维生素 C 只溶于水中，不能储存在身体的组织中。鸟类必须有规律地每日从食物中摄取这些维生素。

维生素 A

维生素 A 只存在于动物机体的组织中，通常的来源是鱼肝油。它不存在于植物中，但所有的绿色蔬菜都含有胡萝卜素，鸟类可以将胡萝卜素转化为维生素 A。商业日粮中通常含有人工合成的维生素 A。

维生素 A 是一种非常不稳定、易分解的物质，当它暴露在空气中时会被光、热很快破坏。成年鸟类维生素 A 严重缺乏时会导致失明和健康状况迅速恶化。维生素 A 的边缘性缺乏是导致卵孵化力低的常见原因，引起缺乏的原因通常是由于食物不新鲜或缺乏绿色食物。

维生素 D

维生素 D 存在于所有动物组织中，通常的来源是鱼肝油。紫外线可以将皮肤中的某些甾醇转化为维生素 D，因此充足的阳光浴可以降低身体对维生素 D 的需要量，但冬季的阳光或透过玻璃的光照对于这种转化是无效的。

维生素 D 参与钙和磷的代谢，不足会导致佝偻病、骨骼变软、弯曲变形，卵壳结构也会不正常。卵中维生素 D 的边缘性缺乏会阻碍胚胎对卵壳中钙的吸收，使胚胎在卵中的死亡率升高。饮食中含有过高的钙和磷含量的不足，会增加机体对维生素 D 的需求。

这会引起维生素 D 的相对缺乏，尽管饮食中所含的维生素 D 从理论上是足够的。

维生素 E

维生素 E 来源于小麦胚芽油，维生素 E 的缺乏只出现在以玉米为主要食物的鸟类中，缺乏时会导致卵出雏率低，雏鸟出壳后生长发育不良，在极端缺乏的情况下，雏鸟还会出现小脑软化症，表现出狂躁行为，因此这种维生素缺乏引起的疾病也称为雏鸟疯狂病。

维生素 K

维生素 K 存在于所有的绿叶中。它是影响凝血机制的一个重要因素，缺乏时会产生出血。卵中维生素 K 缺乏的情况很少见。

B 族维生素

B 族维生素是水溶性的，B 族维生素的边缘性缺乏是导致卵出雏率低的常见原因。

B_1（硫胺素） 硫胺素存在于所有谷物的外壳和胚芽中，因此在家禽中很少缺乏。在过去的战争时期，日本战俘曾由于只吃精米而导致缺乏这种维生素，因此饱受折磨。

B_2（核黄素） 核黄素是鸟卵的孵化过程中最重要的维生素。卵蛋白中含有大量的核黄素，在破壳期卵中这种维生素缺乏的现象非常普遍。核黄素广泛地存在于自然界，酵母和草是这种维生素很好的来源，但核黄素通常是以人工合成的化合物的形式添加到饲料中，它的缺乏会导致卵出雏率很低，即使幸存下来的雏鸟也会出现脚趾弯曲，站立不起，边缘性缺乏时雏鸟会出现棒状绒羽的典型特征。

许多细菌也能制造这种维生素，反刍动物瘤胃中的细菌，以及厚垫料中存在的细菌能制造核黄素，因此饲养在有较厚地面垫料场地中的鸡可以从垫料中摄取一些，它们对食物中核黄素的需要量要比集约化网上饲养的鸡需要量少。

以孵化为目的的蛋鸡日粮中核黄素含量应该高于以肉用为

目的蛋鸡日粮中核黄素的含量。因为有时以孵化为目的的蛋鸡饲料中可能含有的核黄素能满足它们产卵的需求，但含量可能不足以使所产的卵具有很好的孵化力。

烟酸（尼克酸） 对人来说，烟酸是一种抗糙皮病的维生素。这种维生素存在于除玉米外的大多数植物中。因此使用玉米含量高的日粮容易导致这种维生素的缺乏症。必需氨基酸中的色氨酸可以转化为烟酸，如果日粮中含有高质量的蛋白质，则会使烟酸成为非必需的维生素。卵中含有大量的色氨酸，如果饲料中的蛋白质品质不佳导致卵中色氨酸含量相对减少，则会使卵在破壳期出现烟酸的继发性缺乏。

B_6（吡哆醇） 这种维生素对于卵的孵化力和雏鸟的早期生长非常重要。它与蛋白质的分解和合成有关，在自然界中广泛存在。吡哆醇缺乏症较为罕见，常见的是边缘性缺乏症，会导致雏鸟在壳内死亡。高蛋白的饮食会增加对吡哆醇的需求，因此会导致卵和生长雏鸟对吡哆醇的继发性缺乏。如果同时锰也相对缺乏时，吡哆醇的缺乏会引起骨质疏松，而使正在生长的骨骼软化。这样一来，附着在跗关节上大筋腱就会从关节上滑下来，导致滑腱，同时腿部也发生变形。

生物素和泛酸 这两种维生素的缺乏在鸟类中是非常罕见的。

叶酸 这是形成红细胞所必需的维生素。因为叶酸由正常的肠道细菌所合成，所以缺乏的情况很罕见。缺乏症一般只出现在禽类接受抗生素治疗以后，因为抗生素会杀死正常的肠道细菌，而很快引起叶酸缺乏，由于血液无法正常形成，从而导

图 5.1　饲喂不当的雏鸟（一只表现为"喂养不当"的雏鸟。这是一只矮脚鸡雏鸟，它父母的食物只有小麦和剩饭，母亲产蛋情况很好，但卵的孵化力很低。注意雏鸡不正常的站立姿势以及无力的腿和脚。）

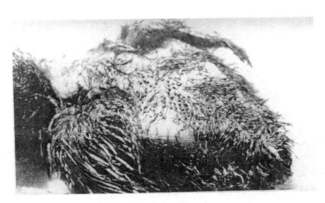

图 5.2　核黄素缺乏时的典型表现——棒状绒羽

致许多胚胎在早期死亡。

　　繁殖鸟类使用抗生素进行常规性预防治疗时所引起的问题

要比需要解决的问题还要多。

维生素 B_{12}（氰钴胺） 这是另一种与血液形成有关的重要维生素，它是由多种细菌和霉菌合成的。植物、鸟类或动物无法合成。它存在于所有新鲜的动物肌肉中，所以它最初也被称为动物蛋白因子。维生素 B_{12} 的少量缺乏会明显降低卵的出雏率。这种维生素现在通常是人工合成的。

胆碱 胆碱不是真正的维生素，因为它可以由必需氨基酸中的蛋氨酸合成，所以只有在饮食中蛋白质的主要来源是植物性食物时，蛋氨酸才会转化成胆碱。胆碱通常与合成的必需氨基酸一起添加到食物中。

维生素 C（抗坏血酸） 这是一种对人体至关重要的维生素，缺乏会导致坏血病。鸟类似乎不需要维生素 C，因为通过实验显示，饲喂给鸟类完全不含维生素 C 的实验性饮食，对它们也不会造成危害。

矿物质

像维生素一样，矿物质对生命是必不可少的，只是需要量很少。

普通盐（氯化钠） 动物血液和组织中盐的浓度和海水中盐的浓度差不多，这是否是生物进化的结果，人们一直在争论。大多数食物中都含有一些盐，但通常还需要在食物中加入少量的盐。通常情况下，日粮中盐的浓度约为 0.5%。

钙和磷 这两种矿物质通常是被结合在一起考虑的，因为磷酸钙是骨骼的主要成分之一，并且两者在血液中的含量是互补的。维生素 D 是酶系统的重要组成部分，它将磷酸钙从骨骼运送到血液，然后再运送回骨骼。锰和锌离子也是这种酶系统的重要组成部分。钙对于肌肉运动和血液凝固的生化过程也是必不可少的。

通常钙和磷来源是肉、骨头和鱼粉。含有石灰岩粉和牡蛎壳的沙砾中都含有碳酸钙，因此它们能提供钙。形成胚胎骨骼所需要的所有钙都来源于卵壳。在产卵期间，母鸡的骨骼会经历剧烈的变化。在非产卵期，母鸡的长骨骼是中空的，中间充满了骨髓，但是作为新陈代谢变化的一部分，长骨骨髓在产卵期几乎完全被海绵状骨针所取代，骨针之间交错着血管，使骨骼中的钙能转移到血液中。如果饮食中完全不提供钙，母鸡骨骼中的钙可以满足 5~6 枚卵所需的钙质，然后才会显示出缺钙的症状。长期缺钙会使母鸡产生一种综合症状，这种症状最初被称为笼养蛋鸡疲劳症，最初的表现为卵壳质量很差，最后会导致母鸡死亡。

肾脏可以将食物中多余的钙以磷酸钙的形式排泄出去，这种排泄方式会引起体内磷酸盐缺乏。

食物中所提供的大部分磷酸盐中的磷以化学键的形式被牢牢地束缚在它所在的分子中，在消化过程中鸟类由于没有必要的酶来提取，所以它们无法获得和利用这些磷。通常情况下，一种日粮需要标注其中磷的含量，包括总磷酸盐和有效磷酸盐。

食物中脂肪的含量会影响肠道对钙的吸收率，过多的脂肪会完全阻止钙的吸收。繁殖期的日粮中通常含有 3% 的钙和

0.6%的有效磷。

锰 锰缺乏影响钙的代谢。会导致脱腱症，即跗关节筋腱滑脱；卵壳质量和卵的孵化力都会很低。如果饮食中钙过多，会增加机体对锰的需求，从而导致锰相对缺乏。

其他微量元素 微量元素如铁、碘、铜、锌、钴和各种其他元素都是影响健康和卵的孵化力的因素，但通常这些元素都存在于正常的饮食中，很少引起缺乏症。

明显缺乏某一单一物质的情况从未发生过。由于营养的问题而导致孵化率低的情况，通常是有许多种的维生素和矿物质的边缘性缺乏，一般由其他因素继发引起，如寄生虫或由于疾病引起的吸收不良。由于无法确切地知道任何一种重要维生素和矿物质的最低需求，同时因为这些最低需求量会因食物的种类和所喂鸟类的不同而发生变化，大多数饲料制造商会倾向于在安全范围内尽可能足量地添加。

粗饲料和沙砾

任何配合日粮中都含有最低3%左右的粗粮和纤维。摄入一定量的这些物质对于肠道的正常运转是必要的，但是如果日粮中含有过多的粗饲料会使日粮的体积过大，而且鸟儿可能无法从这些摄入的大量食物中获得足够的能量。

饲喂过多的水果和蔬菜会减少一个繁殖季中产卵的数量，卵的质量也会降低。

鸟类的任何一种食谱中，沙砾都是一个重要的组成部分。因为鸟类没有牙齿来磨碎食物，沙砾可以使食物与消化液充分混合而进行很好的消化。鸟类磨碎食物的过程是在砂囊里完成的，砂囊是鸟类消化道的一部分，由发达的肌肉，通过收缩和舒张，把吞下的食物搅成糊状。砂囊内的沙砾与食物混合，通过它们的研磨作用可以迅速地降低砂囊里食物颗粒的大小。

水

卵中 65% 是水分。如果母鸡的饮水器中没有了水，哪怕只有一天，也会使处于产卵期的大多数母鸡停止产卵。为产卵的鸟类所提供的饮水量必须比它们平日正常的需要量要更多。100 只不产卵的母鸡每天大约需要约 19 升的水。

所有的鸟类，在任何时候，都必须得到不限量的清洁饮水。

配方饲料

多年来，人们花费了大量的金钱来确定家鸡在其各个生长和生产阶段确切的营养需求。所有为观赏鸟类设计的特殊日粮都是以家鸡的饲养日粮为起点的。但即使这样也不能做到完全的标准化，因为体形小的母鸡虽然产卵很多，但它的食量却少于体形大且产卵少的母鸡。为了给体形小的母鸡，在它食入量的范围内提供所有必要的营养，食物中的营养成分必须相对浓缩，而将同样的浓缩日粮给食量大、体重更大的母鸡，会使它过胖，并且使产卵量减少。因此就有了专门的饲养蛋鸡和肉鸡的日粮。

日粮中能量和蛋白质的比例是日粮是否能产生最大生产力的关键因素，这种比例随着鸟类的年龄和种类的不同而变化。对于中型体形的繁殖鸟类来说，最佳比例似乎是每含有1%的粗蛋白的日粮中，对应含有大约75卡的能量。

对于环颈雉、鹌鹑、火鸡和鸭类的基础研究表明，这些物种对蛋白质的需求与繁殖的家鸡非常相似，即使如此，一些饲料制造商为了增加产量仍然会在日粮中多添加一些。所有这些物种对饮食中的维生素和矿物质的需求量都远远高于家鸡的需求量。

据目前所知，饲料中的成分按照以下比例添加，大多数圈养鸟类的卵应该能够受精，但如果你不十分确定，可以在饮水中添加额外的维生素或矿物质混合物，这对它们也不会产生危害。

在饲料中添加抗生素等药物，虽然在非繁殖季节是允许的，但是在繁殖日粮中添加则是不可取的。

成分	食物中的含量（%）
粗蛋白	17.53
油	2.89
纤维	3.67
赖氨酸	0.875
蛋氨酸和胱氨酸	0.632
蛋氨酸	0.369
钙	3.04
有效磷	0.434
盐	0.347
苏氨酸	0.642

续表

成分	食物中的含量（%）
色氨酸	0.226
亚麻酸	1.122
能量：2792 千卡/每千克食物	

每吨成品饲料中维生素和矿物质的添加量

维生素 A（百万国际单位）	13.0
维生素 D_3（百万国际单位）	3.0
维生素 E（千克 国际单位）	25.0
维生素 K（as Hetrazeen）（克）	2.0
叶酸（克）	1.0
烟酸（克）	20.0
泛酸（克）	8.0
核黄素（克）	10.0
维生素 B_{12}（毫克）	10.0
硫胺素（克）	2.0
维生素 B_6（克）	4.0
氯化胆碱（克）	600.0
生物素（克）	0.09
钴（克）	2.15
碘（克）	2.25
铜（克）	7.0
铁（克）	40.0
锰（克）	80.0
锌（克）	60.0
镁（克）	200.0
硒（克）	0.10
钼（克）	1.0
内皮素（抗氧化剂）（克）	110.0

雏鸡料

雏鸡生长迅速，对营养的需求量很高。所有雉类的雏鸟，对饲料中维生素需求都较高，尽管使用商业雏鸡饲料能使大多数雉类的雏鸟达到满意的生长效果，但某些种类显示出它们对蛋白质有很高的需求，特别是所有种类的鹌鹑、环颈雉和火鸡。野生的雉类在野外以植物性食物为主，如勺鸡，对水溶性维生素的需求非常高，尤其是叶酸。火鸡的育雏饲料蛋白含量不高于30%，对于所有的雉类和鹌鹑的雏鸟都适用。雏雁和大多数种类的雏鸭如果被养在小空间的区域中，并摄入大量高品质的蛋白质食物，就会出现问题，尤其可能会出现翅膀脱滑、内脏型痛风和肾脏疾病。它们必须有充足的运动量，或者接触和食入一些青草和其他一些低密度食物来稀释日粮中大量的高品质蛋白质，如果这些条件均不能满足，那么它们的高蛋白的日粮必须用饲喂大量的谷物和蔬菜类食物的方式来稀释。

生长料

雏鸟出壳几周以后，对蛋白质的需求会大大降低，但是对能量的需求量保持不变。使用蛋白质含量低的日粮不仅更经济，也会使雏鸟生长得更好。

产蛋料

产蛋料与繁殖种鸡料的各种成分含量实际上是相同的，除了维生素和矿物质含量要低得多，产卵料中这两种成分的含量能满足母鸡产卵所需要的最低量，但钙和磷水平却远高于雏鸡或生长鸡的需要。所以对于雏鸡和生长鸡来说，产蛋料和繁殖种鸡料中钙的含量太高了，这对它们可能是有害的。

鸭类、火鸡和环颈雉的特殊日粮

许多公司为这些种类提供繁殖种鸟的特殊日粮，并且通常价格很高。但实际上，这些日粮中蛋白质和能量含量与正常日粮一样，只是增加了其中维生素和矿物质的含量，有些公司添加了双倍，而有些公司则添加了三倍的量。

一些特殊的日粮是人工配制的营养全面的全价饲料，鸟类只吃这种日粮就可以生存；而另一些专门配制的饲料只是鸟类日粮的其中一部分，另一部分可以是谷物类饲料。这些专门配制的饲料中通常含有很高的蛋白质和维生素，接近雏鸡的育雏料。

大多数繁殖种鸟的日粮中都含有很高的钙，所以除非日粮包装袋上有特别注明，否则不需要添加额外的补钙食物，如石粉和牡蛎壳沙砾。如果为繁殖种鸟提供额外的维生素和矿物质的方式是通过将它们溶于饮水中，那么，商品产蛋鸡的日粮也可以作为饲喂繁殖种鸟的日粮。

成功繁殖者特殊的饲养方式

每一个成功的鸟类饲养者都说，他们提供给鸟儿的特殊的饮食是促使它们产卵并成功孵化的决定性因素。但回想一下他们的说法，成功的背后仅有特殊的食物是不够的，这些成功人士同时还都是优秀的饲养者和管理者。他们能通过简单的观察，注意到这种鸟儿吃草，而那种鸟儿吃昆虫，然后根据他们的观察为鸟儿提供适合的食物、适合的笼舍，还通过不同的方式为它们提供如花生、小葡萄干、狗粮饼干、蚂蚁蛋、面包虫等额外的食物，尽最大可能为鸟儿提供最优质的食物，并努力与他们所养的鸟儿成为朋友。

卫生清洁

一枚完美的可孵化的卵可能会由于被细菌污染或储存条件不良，很容易在被入孵之前被毁掉。

通常情况下，在卵进行孵化之前，很难看出它是否受到了损伤，而且胚胎后期的死亡也不能成为卵受到损伤的全部原因。

细菌污染

产卵期的雌鸟可以携带一些病原体，如沙门氏菌和病毒，这些病菌可以在卵壳形成之前沉积在卵内，但病原体最常见的侵入途径是在卵被产出以后，通过卵壳表面的气孔进入卵内。在病原菌数量不多的情况下，卵的自然防御机制能很大程度上阻止病菌的侵入，但当病菌数量很多时，卵的自然防御机制的保护作用就会显得相对不足了。

在适宜的条件下，一个细菌每 20 分钟就会分裂成两个，一夜之间，一个细菌就能变成一百万个。孵化箱温暖潮湿的环境为细菌的分裂和繁殖提供了最佳条件，因此一枚受感染的卵可能会使同一孵化箱中其他许多正常的卵受感染而最终导致胚胎的死亡。

细菌可以在卵产出后 3 小时内通过气孔进入卵内部。如果卵外壳是湿的，细菌进入的速度会大大加快；如果卵壳表面同时也很脏，那么侵入细菌的数量就会大大增加。

当卵最初被产出时，它的温度与母鸡的体温相同，但它会很快冷却下来。这种冷却会使卵内容物的体积略有减小，由于卵壳不会有很大的收缩，因此在卵壳内会形成真空，空气通过卵壳上的气孔被吸入卵壳，在卵内形成了空气腔，被称为气室。卵的冷却收缩不仅把空气吸入这个空间，细菌也会同时进入卵内。因此，卵在冷却的时候最容易受到细菌的感染。

减少细菌污染

筑巢地点　筑巢地点必须是干净而且干燥的，经常为鸟儿提供新鲜的筑巢材料，如泥炭、干燥的沙子、木刨花、干草、稻草等都是适宜的筑巢材料，这些材料在新鲜时相对无污染。自然生长的植物，被鸟儿用来筑巢时，很少有致病微生物，但是当它们湿润受潮，或者被另一只鸟儿第二次用于筑巢，这些材料就可能会具有致病性。

被粪便污染的鸟巢特别容易使卵受到感染。在腐烂的植物上生长的常见的霉菌，特别是曲霉菌，可以迅速扩散到卵中。

整体环境　如果饲养鸟类的区域被粪便污染，那么感染就可能来自鸟儿被污染的脚。如果饲养区域铺了厚厚的干燥的垫料，就不会遇到这个问题，因为厚垫料表面和上层的细菌较少。然而，潮湿的垫料中会充满大肠杆菌和霉菌，因此在商业养鸡场里，从地面上捡起的卵，卵的孵化率会降低，这样的卵进行孵化必然会降低经济效益。在铺有薄垫料的室内养鸭子，鸭蛋的孵化率会很低，如果将它们养在板条地板或金属网上，卵的孵化率可以增加20%以上。

一些鸟类，如雉类的饲养笼有开放的运动区域，它们会在这些区域中随处产卵，最好为它们提供一些有遮挡的产卵区域，并提供一些筑巢材料，刨花、干草或稻草不要放在室外无遮挡区，因为这样它们会很快变潮湿和腐烂，从而增加感染病菌的机会。

卵的处理和卫生清洁

在处理卵之前，必须将手洗净，或者戴上手套，避免将病菌传播到卵壳表面。卵在产出后应该尽快被收集起来，以免被淋湿或弄脏。干净的卵不应该和脏的卵放在同一个容器里，脏的卵必须尽快地被清理干净。如果用同一块不干净的湿布去擦拭所有的卵，就会使所有的卵很快都受到污染。使用脏的、被污染的容器也会传播病菌。

使用干砂纸清除卵上较大的污垢很有效。

卵的清洗

清洗卵一定要遵循一定的原则，否则会有许多卵在清洗的同时被毁掉，因为与干燥的外壳相比，细菌更容易从潮湿的外壳表面侵入。

如果水温度太高会杀死胚芽，但卵的中心温度需要一定时间才能上升到外部的温度，只要卵在清洗之后能迅速地被冷却，就可以在短时间内使用温度稍高的热水对卵进行清洗。大多数洗涤剂和消毒剂混合后在较高的温度下效率更高，大多数卵清洁剂制造商会在产品上注明在某一浓度下使用时所需要相应的时间和温度范围。

水的温度必须比卵的温度高，这样卵中的内容物就不会发生收缩，避免更多的细菌通过气孔被吸入卵壳内。

一位成功的商业养鸭人士使用农场用的强效洗涤剂和奶牛场用的次氯酸盐的混合溶液清洗鸭蛋，卵的孵化率提高了15%。清洗液中次氯酸盐的浓度较高，操作人员的双手浸泡在其中时会发红。卵被浸入到60℃（140℉）的清洗液中，搅拌三分钟，接下来用干净的冷水冲洗，使它们冷却下来。环颈雉和其他种类相对干净的卵的清洗温度通常较低，为37.7～43.3℃（100～110℉），将卵浸到清洗液中轻轻搅拌三至五分钟。

必须严格遵照生产商给出的洗涤剂、消毒剂浓度的使用说明，所推荐的浓度通常与溶液的温度和浸泡时间有关。大多数消毒剂在有污垢存在的情况下会迅速灭活，对每一批鸡蛋都必须使用新鲜的消毒溶液，很脏的卵需要用浓度更高，效果更强的溶液洗涤消毒。

清洗后的卵应该放在金属网架子上自然干燥，然后进行孵化或储存。

卵的熏蒸

甲醛熏蒸法是一种很好的消毒卵壳表面的方法。像清洗方法一样，必须在卵产下以后尽快进行消毒才能达到最好的效果。所有的已知的病原微生物，只要仍停留在卵壳表面都能被有效杀灭，但一旦它们由壳表面的气孔进入卵内部，就无法用这种方法杀灭了。

多数大型的家禽饲养场，在卵离开饲养场去孵化场进行孵化之前，以及孵化过程中都要对卵进行常规的熏蒸消毒。

甲醛具有一种非常难闻的气味，能对眼睛、鼻子和肺产生强烈的刺激作用。它能使过敏性皮肤产生皮疹，皮肤与之接触后会变硬。

甲醛有两种形式，一种是溶解了40%甲醛气体的溶液，称为福尔马林；另一种呈白色粉末，称为多聚甲醛。用这两种物质处理卵都是安全的，而且它们都能长期保存。

从液态的福尔马林溶液中蒸发出来的甲醛气体能起到消毒作用。可以在孵化箱中悬挂一些蘸有福尔马林溶液的布块，在孵化期间或孵化之前对卵或孵化箱内部进行熏蒸；也可以用福尔马林与高锰酸钾晶体混合，迅速发生反应，使甲醛从溶液中释放出来。加热多聚甲醛到450℃（842℉），也能产生甲醛气体，用这种方法熏蒸时，经常是在一个电热板上进行的。

甲醛的浓度是关键的，在孵化温度和高湿度的条件下熏蒸效果更好。家鸡卵孵化熏蒸的商业推荐浓度对于观赏鸟的卵来说浓度太高了，所以应该慎重使用。如果在卵孵化过程中进行熏蒸，胚胎在两个发育时期对甲醛非常敏感，所以处在这两个时期不应该进行熏蒸，否则会引起胚胎死亡。对于家鸡来说，这两个阶段是从开始孵化后的第 24 小时到第 96 小时之间，和胚胎的喙进入气室开始呼吸到孵化出壳阶段。

在卵储存前对卵进行常规熏蒸，一般建议是每立方英尺（28.3 立方分米）空间，不包括卵所占体积，使用 1.35 毫升的福尔马林和 0.84 克高锰酸钾，熏蒸 30 分钟，温度不低于 21℃（70 ℉）。如果用挂布料蒸发的方式，建议每立方英尺（28.3 立方分米）空间用 1.0 毫升福尔马林溶液，持续熏蒸 3 小时。多聚甲醛仅用于大型装置中，建议每千立方英尺（28.3 立方米）空间用量为 150 克。

请注意，在英国现在使用甲醛违反健康和安全法规，在使用前应先征询相关部门的意见。

通常的做法是，每周入孵一批卵，在卵预热以后，对整个孵化机进行熏蒸。当然，被熏蒸的卵中也包括已经孵化了 1 周和 2 周的卵。在孵化温度和湿度条件下对卵进行熏蒸时，如果使用储存卵的熏蒸浓度就太高了，这会导致胚胎死亡。通常每立方英尺（28.3 立方分米）的孵化空间使用 0.5 毫升的福尔马林和 0.2 克的高锰酸钾，就能进行充分的消毒，并不会对孵化中的卵造成损害。

由于这些化学品之间的反应会非常剧烈，甲醛蒸汽会沸腾而形成大量烟雾，因此建议所使用反应容器的容量体积至少是这些化学药品体积的 10 倍，这样可以防止反应过程中反应物向外泄漏。可以使用陶质的容器但不能使用金属容器，防化学物质与金属反应。将高锰酸钾先放入容器中，然后倒入事先测量好的甲醛溶液。孵化机的门应立即关闭，将孵化机中所有的通风口打开到最大使甲醛蒸汽逐渐散发出来。30分钟后，将反应容器取出放到室外，同时将孵化机的门打开几分钟，以清除甲醛气体。孵化室的门也应该打开，清除室内的甲醛气体。

如果可能的话，将孵化机和出雏机腾空，进行熏蒸消毒，使用福尔马林的浓度至少是用于卵熏蒸消毒浓度的两倍。目前，多数大型孵化场使用喷雾灭菌法来熏蒸孵化机和出雏机。是将效果好的消毒剂变成极细的雾，泵入被消毒的机器中，雾气在其中停留一段时间后，起到对所有部件消毒的作用。可以咨询制造商的意见和建议选择使用消毒剂的种类。

紫外光

紫外光具有杀菌作用，人们发现使用消毒鸡蛋推荐的甲醛浓度对鹅卵消毒会降低鹅卵的孵化率，之后，紫外光被用于鹅卵外壳的消毒，而且效果很好。

一个30瓦的紫外线灯管，放置在距卵20厘米处，每次照射20分钟就非常有效。紫外光对操作者的眼睛会造成永久性伤害，所以照卵的操作必须在一个大小合适不透光的盒子里进行。和甲醛的使用一样，在英国使用紫外线光也是违反健康和安全法规的。

抗生素

最近的实验发现，抗生素结合洗涤剂和消毒剂的使用，使火鸡的幼禽养殖成活率提高了 9%。卵首先用机器清洗和消毒，其次放入装有低温抗生素溶液的真空罐中。

真空罐内的压力被降低，卵气室内的压力也随之降低，然后让其恢复正常的压力，这个过程会使抗生素溶液经卵壳表面的气孔进入卵内。

抗生素的使用除了能使卵的孵化力略有提高，出壳雏鸡的质量也有较大的改善。孵化机中的灰尘也显著地减少，在孵化的所有阶段，细菌数量都显著地下降。

卵的储存

从卵被产出的那一刻起，卵就开始变质，并遭受细菌的攻击，在变质进行到一定程度之前，卵仍然具有可孵化力，但如果变质超过一定程度，卵的可孵化力就会迅速下降。卵变质的速度取决于卵储存的物理条件。

温度

所有的化学反应，温度越高，反应速度越快。分解和腐烂的过程是化学反应过程，它们对温度变化都很敏感。

卵内的胚盘发育至囊胚期时，卵被产出，这时由于温度降低胚盘停止发育。胚盘可以在这种休眠状态中停留相当长的一段时间。当温度高至 21.1℃（70 ℉）时，胚盘开始重新缓慢地生长，但这种生长是极其微弱的，如果持续时间过长，胚胎会变得很弱，以至于在后期生长中，无法完成主要的发育变化而导致死亡。长时间的低温也会导致胚胎死亡。

决定卵中水分蒸发率的因素有许多，温度是其中之一。储存不良的卵通常都有较大的气室；而评估卵质量的标准之一就是气室的大小。如果卵在储存过程中蒸发掉太多水分，胚胎就无法正常发育，并最终会死亡。

随着时间的推移，卵中的蛋白质开始变化，即变性。蛋白质变性会随着温度的升高而加速。这时，蛋白质链中联合氨基酸的链和化学键，以及蛋白质链和链之间都会改变和分离。在极端的情况下，变质的卵会释放出具有臭鸡蛋味的硫化氢气体，但实际上人的鼻子察觉出这一特殊的气味之前很久，这枚卵就已经没有孵化力了。厨师在搅打蛋清做蛋糕或其他烹调时都能分辨出新鲜鸡蛋和不新鲜鸡蛋，这种区别在一枚煮过的鸡蛋中也很明显。

所有种类的卵的最佳储存温度是 $12.7℃$（$55℉$），储存温度如果发生波动会对卵造成很大的损害。

湿度

储存的湿度也会影响卵今后的孵化力。如果储存湿度过低，卵内容物中的水分就会大量蒸发，如果温度升高这种蒸发则会更严重。储存湿度过高也会对卵造成损害，尤其是当达到露点时，大气中的水汽会凝结在卵壳上，细菌和霉菌就很容易通过潮湿的卵外壳上的蛋孔进入。在这些条件下，我们就有可能在卵壳上发现生长的霉菌。这样的卵在没开始孵化之前就注定了以后的死亡，这种卵如果放到孵化机中孵化，还会将霉菌传播到其他的卵上。

在最佳储存温度，12.7℃（55 ℉）下，储存的最佳相对湿度为 75%~85%。

卵的通风

一枚未孵化的新鲜鸡蛋对氧气的需求和产生的二氧化碳的量，实际上为零，所以储存卵时不需要通风。卵周围过高的空气流动会增加卵内水分的蒸发速度，从而导致卵的质量下降。储存在通风处的卵会很快失去孵化能力。

为了延长保存时间，对鸡蛋进行保存试验，人们惊讶地发现，保存在抽真空的密封容器中的鸡蛋，即使锐端向上放置，卵的质量下降的幅度也是最小的。

储存期

显然，卵的孵化力取决于卵的储存条件。如果一枚卵从一产出，温度从母鸡体温迅速下降，然后达到最佳储存温度，这枚卵的保存时间会比那些缓慢冷却的卵的保存时间更长。

在最适宜的储存条件下，卵的孵化力在最初几天以后就开始下降，每天大约累计下降 2%。

不利的储存条件会明显增加卵孵化力下降的比例，卵的储存时间应该不能超过一周。

储存这的卵孵化出的雏鸡通常比没有储存过的卵孵化出的雏鸡个头小，它们出壳持续时间也往往会增加。

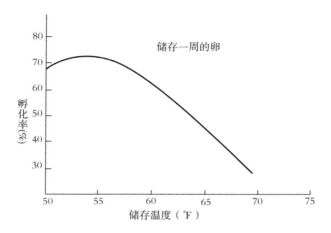

图 5.3 环颈雉卵储存温度对孵化率的影响

储存期间的翻卵

卵黄的密度比蛋白小，所以它总是漂浮在卵的最高处。如果它与卵壳内侧长时间接触，就会被粘在卵壳上，从而阻碍以后胚胎的发育。如果卵在最适合的条件下储存，通常这种情况在储存的 7 天之内不会发生。但如果卵储存环境比较温暖，那么就可能出现粘连。如果卵储存得当，并且每隔一周入孵孵化机一批卵，那么在储存期间进行翻卵，对卵的孵化力没有很大的影响。

如果卵储存时间超过 1 周，或储存条件达不到最适条件，储存期间每天翻卵则能明显提高卵的孵化率。

卵在储存期间放置的方式不会影响卵的孵化力。传统上，卵通常是侧面放置或卵的钝端（阔端）向上放置，但如果卵呈锐端向上放置似乎也没关系。事实上，已经有研究表明，在理想的储存条件下，卵呈锐端向上放置，储存 3 个星期而且不翻卵，能比传统方式放置的卵存活得更好。

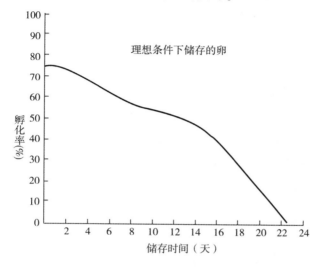

图 5.4　环颈雉卵储存时间对孵化率的影响

对于用普通商业蛋盘储存大批量卵时，一个简单而有效的翻卵方法是，把放置卵的托盘一侧的下部用一块木头或一块砖垫高，使托盘和卵一起倾斜一定的角度，然后再将砖头或木头移到卵托盘的对侧，卵就会朝相反的方向倾斜，以这种方式进行有效的翻卵。

孵化前的机械损伤

对孵化中的卵进行处理时，任何一个不小心的操作都可能对卵造成损伤。卵壳上细细的裂纹，在随意的抽检时很难发现，但是在验卵灯下会显而易见。卵壳上的裂缝通常会导致胚胎在以后的孵化中死亡，这可能是由于细菌会通过裂缝进入卵内，也可能是由于卵中水分的过度蒸发。如果有裂缝的卵非常珍贵，可以用指甲油把小裂缝补上，但有时即使这么做也无法挽回。

在不经意的操作下，有时即使卵外壳完好无损，但内部可能会发生看不见的损坏。如果卵脆弱的内部结构受到破坏，胚胎就不能继续正常地发育。没有眼睛的雏鸟，或者出现弯曲的脚趾和交叉的喙，都可能是卵在孵化前和孵化期间由于过分的颠簸和震动而造成的典型伤害。

卵经过运输或摇动后，如果能在入孵前静置 24 小时，孵化率会比不静置高。

孵化前的预热

从储存温度突然到孵化温度对卵来说是一个相当大的变化，尤其是卵已经储存了一段时间。多数孵化场在卵入孵的前一天晚上，将它们移到室内，让卵在室温的温度环境下搁置一晚。刚入孵的大量的低温卵也可以使孵化机内的温度显著下降，温度通常几个小时后才能恢复正常，这对于已经在孵化机中孵化的卵会产生不利的影响。对于入孵的大批的卵，即使已经达到室温，也会需要 10 个小时左右的时间才能达到孵化温度。小型的台式孵卵机，带有相对较大的加热器，机器中孵化的卵的数量也较少，刚入孵的低温卵在这种环境中会升温过快，这种变化对已经发育了的虚弱胚胎会产生不利的影响，也不利于胚胎的存活。

卵在巢中自然储存

那些窝卵数很多的鸟类似乎不存在卵储存的问题。第一批卵通常已经产出两个多星期了，仍然能和刚产下的新鲜卵一起出壳，而且孵化出的雏鸟都很好。但同样的卵，如果储存相似的时间，在孵卵机里孵化是不会有几枚卵被孵化出壳的。但如果换成用一只抱窝鸡孵化，效果会比机器孵化的效果有显著的改善。

有些证据表明，如果卵必须储存一段时间，每天定时加热到 26.6℃（80 ℉）持续几分钟，然后回到原来的储存条件，再加上翻卵，能提高卵的孵化率。而雌鸟在产卵时也正是这样做的，当雌鸟每次在巢中等待产一枚新卵时，它都会温暖并翻转巢中已产下的卵。

雌鸟不仅温暖和转动巢中的卵，而且雌鸟在与巢中的卵接触时，羽毛上的天然油脂会与卵摩擦，油脂会涂在卵壳表面，这有助于对卵壳表面的清洁，也会影响卵外壳的渗透性，防止卵变质。所有生物的皮肤都分泌一种叫溶菌酶的抗生素，它是抗感染的天然屏障。亚历山大·弗莱明发现了溶菌酶，在此之后他发现了青霉素。这种溶菌酶也存在于鸟类羽毛上的油脂中，通过摩擦渗入卵外壳中，从而为卵提供进一步的保护。

当最后一枚卵产下以后，母鸡每天在巢中花费的时间就更长了，最后一枚刚产下不久的卵与第一枚产下的卵一起开始孵化，这就确保了整窝卵能同时孵化出壳。

抱窝母鸡只温暖卵与它身体接触的一侧，卵与巢底部接触的一侧的温度则是地面温度，母鸡必须不断地翻转卵以确保整枚卵都得到温度。要使卵的中心达到孵化温度至少需要 12 个小时。很有可能，这种孵化时的缓慢升温过程，是经过储存的卵使用母鸡孵化优于孵化机孵化的原因之一。

入孵卵的选择

对特定的鸟来说，平均大小的卵具有最好的孵化力，非常小和非常大的卵的孵化力都不会很高。

卵壳质量差或蛋形不整齐的卵通常表明母鸡有其他问题。产畸形的卵特性通常是能遗传的，所以除非这些鸟很有价值，否则畸形卵不应该被孵化。

在观赏鸟的饲养中，所有的卵都很有价值，除非卵的形状过于畸形或卵的大小极其特别外，所有的卵都应被孵化。

家禽和环颈雉卵在入孵时应该通过卵的外形和种鸟的繁殖性能来选择。

第六章　雏鸟的发育

受精卵的发育在卵被产出之前就开始了。卵子和精子是由雌鸟卵巢和雄鸟睾丸中的原始生殖细胞发育而来，雌鸟和雄鸟在其胚胎早期就已经具有各自的原始生殖细胞。这些原始生殖细胞在雌鸟和雄鸟达到性成熟之前一直储存在卵巢和睾丸中并处于休眠状态，直到它们的身体状况完全达到性成熟。在繁殖季节里，性激素的刺激使这些原始生殖细胞变得活跃。

卵在人工孵化时，如果孵化温湿度掌握不好，会影响胚胎的发育。特别是胚胎的发育处于卵巢或睾丸的发育阶段，孵化温度过高会使这些器官受损，导致这些器官在未来无法产生出健康而有活力的生殖细胞。这可能是鸟类养殖中最常见的导致不育的原因。

生殖细胞的成熟

原始生殖细胞分别在雄性睾丸和雌性卵巢中发育，最终形成精子和卵子。

精子的产生，或精子形成

精原细胞经过几次分裂形成许多小细胞，能进一步形成初级精母细胞。每个初级精母细胞经过减数分裂形成两个子细胞，即两个次级精母细胞。所形成的每个次级精母细胞中含有的染色体数只有体细胞的一半，每个次级精母细胞经过进一步的有丝分裂形成两个精细胞，精细胞经过变形，最后成为精子。

交配时，雄性将精液射于雌性阴道前端，在雌性输卵管及黏膜皱褶等的收缩运动下，精子得以从输卵管下部上行，经子宫游动到输卵管上端，依靠输卵管内分泌物的营养在皱褶内存活几周。

卵子的产生，或卵子形成

雌性的原始卵泡发育到成熟的过程与雄性的精子形成过程很相似，也需要经过多次分裂，不同的是，卵巢中每次只有一个成熟的子细胞发育成卵子，其他的子细胞仍会以卵泡细胞的形式留在卵巢内。卵原细胞生长发育成初级卵母细胞以后，再经过减数分裂形成两个细胞，细胞内的染色体数量只有正常体细胞的一半，其中含有大部分的细胞质的一个细胞是次级卵母细胞，另一个含有少量细胞质的细胞被称为第一极体。第一极体很快会被排出分解。减数分裂通常发生在卵细胞已经形成卵黄，从卵巢中排出的阶段。这时的次级卵母细胞已经为受精过程做好准备了。

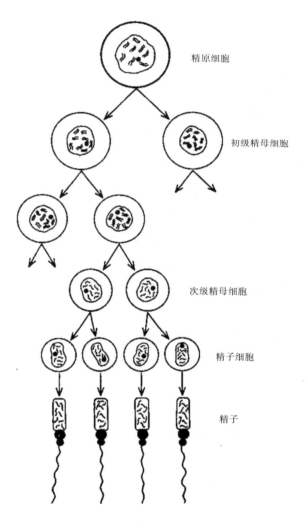

精原细胞

初级精母细胞

次级精母细胞

精子细胞

精子

图 6.1　精子的形成过程

受精

卵子和精子结合以后，产生一个单细胞，细胞中的一半染色体来自母亲，另一半染色体来自父亲。但如果卵子和精子中的染色体数目没有减半，其后代的染色体数目将是其父母的两倍。

大多数鸭类有 36 对染色体，它们之间可以杂交，但是鸳鸯体内多一对染色体。任何涉及与鸳鸯杂交的情况都会由于这条多余的染色体而使卵子和精子不能成功地结合，因此卵不能发育或表现为不受精。家鸡和雉类都有 38 对染色体。

受精的过程发生在卵黄进入输卵管的时候。精子刺穿胚盘附近的卵黄膜或卵核，精子头部进入后尾部留在外面。精子核的穿透和渗入会导致卵细胞质的改变，从而阻止其他精子进入卵子。而已经成功地进入卵子的任何精子，在卵细胞质发生这种变化之后，也会死亡和消失，也不会对受精过程产生任何影响。

精子进入的刺激会使卵子的细胞核以正常的分裂方式再次分裂一次，形成一个成熟的卵子和一部分将被遗弃的核物质，这部分被称为第二极体。第二极体将会解体消失。成熟的卵子和精子的细胞核融合成为一体，并将进一步发育成新的个体。

受精只有在卵黄进入输卵管时才有可能发生。一旦蛋白开始沉积，精子就再也无法进入卵黄完成受精过程了。

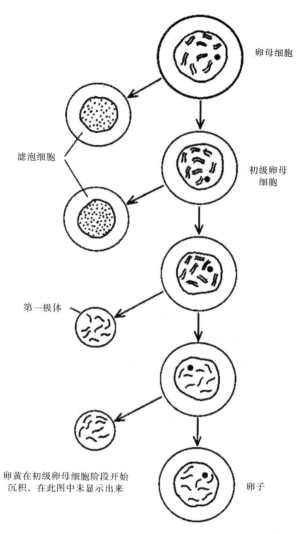

卵母细胞

滤泡细胞

初级卵母
细胞

第一极体

卵黄在初级卵母细胞阶段开始
沉积，在此图中未显示出来

卵子

图 6.2　卵子的形成

在母体内的发育

胚胎的初期发育发生在受精后 24 小时内，这期间卵黄经过输卵管，形成蛋白部分、壳膜和卵壳。通常如果卵在下午 4 点左右已经完全形成，则会被立刻产出体外。但如果在这时卵没有完全形成，则会继续留在子宫部，第二天早上被产出。这样，卵在母体内多停留的这段时间里，会有进一步的发育。

卵产出后的休眠期

卵被产出后，在相对冷却的环境中，胚胎会停止发育，处于休眠期，直到温度再次达到胚胎发育的温度。通常处于休眠状态的胚胎可以在这个环境中很好地存活一周左右，但如果卵在子宫部停留较长时间，胚胎的发育到了一定的阶段，在这阶段温度的下降和储存对于胚胎将是致命的，这样的胚胎就会死亡。有些雌鸟会习惯性产这样的卵，它们产的卵并不是不受精，而通常是胚胎在早期已经死亡了。

胚胎发育早期，即胚芽期的生长发育直接依赖于温度。在 22℃（72℉）左右时，胚胎会开始缓慢发育，如果长时间在高于 22℃ 的环境中储存卵，会导致缓慢发育的胚芽很脆弱，这样的胚胎是无法成功地完成后期生长发育的。

卵裂

当卵细胞和精子结合后，卵黄就成为脊椎动物中最大的一个受精卵。实际上这个细胞的细胞质中充满了脂肪和蛋白质，是受精卵发育所需的营养储存，细胞核周围的一小部分区域有细胞质。这个受精卵开始分裂成两个独立的细胞，继续分裂成了4个、8个细胞，直到分裂成几千个很小的细胞。这些细胞在卵黄表面，形成了单细胞层。在这个阶段，由于细胞的大小基本不增长，所以它们所占的空间并不比分裂前的受精卵大多少。

原肠胚形成

原肠胚形成过程是由一个单层细胞组织，形成一个三层细胞的结构。这个结构将发育成以后的胚胎，这个过程显示实际上这些细胞是迁移到它们的新位置上的，而后每层结构将分别发育成胚胎某个器官的某一部分或某一结构。移植实验表明，在这个阶段，来自特定位置的某些主细胞会将它周围的细胞组织起来形成最初指定的组织之外的组织，这些细胞现在被称为"干细胞"。

有时卵是在胚胎发育到原肠胚期时被产出，但卵被产出时胚胎所处的准确阶段需要根据产出前在输卵管子宫部停留的时间来确定。

孵化期胚胎的发育

刚产出卵的卵黄表面可以看到一个直径3~4mm的白色小圆盘。

经过几小时的孵化，这个圆盘略有增大。如果仔细观察，可以看到圆盘的中心是透明的，周围是较厚的不透明部分。不受精的卵的卵黄上表面也有一个类似的白点，由卵巢的卵泡细胞组成，仔细观察会发现这样的点中心部没有透明的区域，细胞是在中部区域堆积，向边缘扩散。

胚盘中心透明的区域是由于中心区的这些细胞没有接触到卵黄，而是被一个充满液体的小空间与卵黄隔离开，因而中区的细胞是处于卵黄的外围。胚胎早期的发育就是在这个小空间里发生的细胞迁移，如图6.4所示。

胚胎现在具有三层结构。外层结构也称外胚层，将发育形成神经系统和感觉器官以及皮肤和皮肤衍生物，如爪、喙和羽毛。内层结构也称内胚层，将发育形成消化道、呼吸道内壁及相应的器官，如肝脏、胰腺和肺。中层结构也称中胚层，将形成心脏、血管、血液、骨骼、肌肉、肾脏和生殖器官。

A 一枚未受精卵

A 一枚受精卵

图6.3 未受精卵和受精卵

原条

细胞的迁移从边缘到中央，然后进入胚盘中央的空间区域，在中央的透明区域形成一个纵向的沟槽，在孵化18小时左右通过放大镜可以看到这个沟槽。沟槽两边隆起的部分叫作原条。原条结束扩大后，其前方明显膨大，成为原节。这是在这个阶段出现的主要组织区域，它最终将发育成肛门。

器官的形成过程

原条期胚胎的发育迅速而复杂，许多发育过程在这个阶段都是同时发生的，发生过程只有借助显微镜才能观察到，这阶段的多数生化反应只是猜测。

大脑和中枢神经系统

这是胚胎发育过程中出现的第一个能被观察到的器官。原节与原条同时生长，形成一个细长的表层细胞板，即神经板。神经板中有两道脊，两脊靠中线的一侧沿着中线同时向上生长，在生长过程相遇并合拢，形成中空管。这个管子将发育成大脑和脊髓。

神经板在褶皱形成管状的大脑时，同时也不断地增长，生长速度要比与卵黄接触的细胞快得多，所以它会重叠，产生头和尾的褶皱。

心脏和血管

孵化48小时后，卵黄上表面的胚盘已发育成直径25mm左右的帽状结构，最大的外环区称为血管区，在显微镜下可以观察到这个区域由许多血岛组成。到孵化的第三天，血岛合并形成一个从中心的胚胎向外辐射的蜘蛛网状的血管网。血管在胚胎头褶后部的一点处会合，这阶段在胚胎以外形成一条单独的管子，管子能有节律地收缩和舒张，引起血液在血管中运动。

在家鸡卵孵化的第 4 天（孵化期较长的鸟卵要晚一些），这个管子将发育成为心脏，整个发育过程会在几小时内完成。

A 受精卵

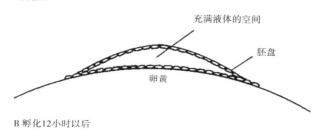

B 孵化12小时以后

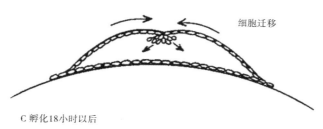

C 孵化18小时以后

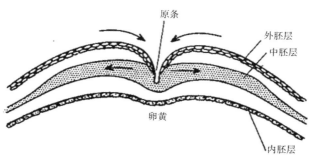

图 6.4　原肠胚的形成

管子的壁变厚，形成 3 个明显的膨大部，进而形成了第一个原始的瓣膜，这时血液开始定向流动和循环，明确地呈现出动脉和静脉。随着膨大部的进一步生长，连同血管的牵引作用，使得管道弯曲折叠呈"Z"字形，如图 6.12 所示。

现在整个心脏顺时针旋转，原先的膨大部分结合到一起，形成了心脏的 4 个房室和瓣膜。在这个阶段，由于肺尚未形成，所以肺血管非常细小。所有流回心脏的血液都来自胚胎和它的滤膜。左右心房之间的中隔还没有形成，所有血液从右心室流出，穿过动脉导管进入主动脉。这个阶段大部分的血液循环是流向卵黄表面的血管，随着这些血管的继续生长，直到完全包围卵黄，最后形成卵黄囊。

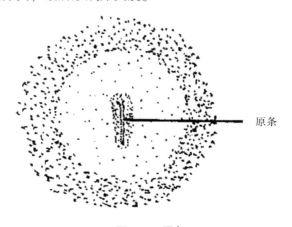

图 6.5　原条

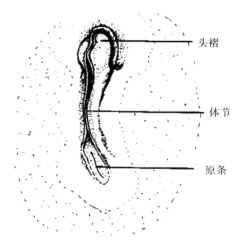

图 6.6 大脑和中枢神经系统的发育——1

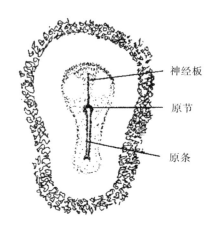

图 6.7 大脑和中枢神经系统的发育——2

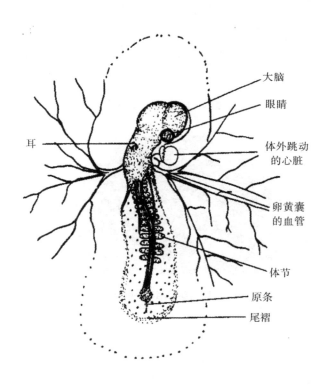

大脑

眼睛

耳

体外跳动
的心脏

卵黄囊
的血管

体节

原条

尾褶

图 6.8 大脑和中枢神经系统的发育——3

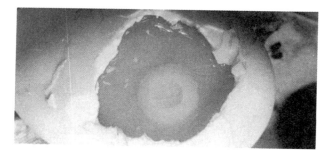

图 6.9 孵化 36 小时的卵

图 6.10 孵化 48 小时的卵

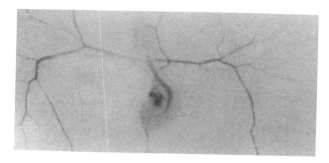

图 6.11 孵化 4 天的鸭胚胎

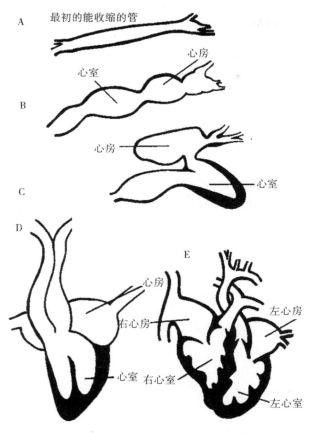

A 最初的能收缩的管

心房

心室

B

心房

心室

C

D

E

心房

右心房

左心房

心室 右心室

左心室

E 成年个体的心脏

ABCD——早期的四个发育阶段

图 6.12 心脏和血管的发育

其他胎膜的形成

除了卵黄囊外，在卵的发育过程中还有三个重要的卵膜。它们是羊膜、浆膜（绒毛膜）和尿囊，均是胚胎的生命维持系统。

羊膜和浆膜的形成

从胚胎头褶的前部到尾褶的后部，会出现更深层的褶皱，在胚胎表面形成一个双层膜，内膜是羊膜，外膜是浆膜，它们之间有一定的空隙。

当头端产生的褶皱与尾端生长的褶皱相遇时，它们就融合在一起，形成了羊膜硬化结合点。羊膜现在完全包裹了胚胎，形成了羊膜囊。羊水在这个囊内积聚，在羊膜壁上还形成了肌肉纤维。当胎儿能在羊水中自由活动时，这些肌纤维有节奏地收缩，能促进胎儿在羊水中摆动，防止粘连和受到机械损伤。

尿囊的形成

尿囊的萌芽从胚胎的后肠生长出来，逐渐进入羊膜和浆膜之间的空间，尿囊萌芽连同其中分布的血管迅速生长，直到完全紧贴着浆膜的内表面并与之结合在一起。随着胚胎不断地生长，尿囊最后包裹整个卵内容物，在卵锐端合拢。通过尿囊血液循环，蛋白会逐渐被胚胎完全吸收利用，在孵化末期尿囊逐渐干枯成为一个袋状物，残留在卵的锐端。

胎膜的功能

水保护

在羊膜形成之前，胚胎只能进行相对简单的生化反应，通过将单糖分解为乳酸而获得能量。随着胚胎的进一步发育，它具有了更高级的功能，因此能够利用更复杂的营养物质，并产生代谢产物二氧化碳和水。水积聚在羊膜囊内，羊水的环境为胚胎在其中自由地活动提供了可能，同时羊水环境也有很好的保温隔热和减震作用。然而重要的是，在胚胎发育过程中羊膜囊中会积蓄越来越多的羊水。在前三分之二的孵化期间，由于羊水增加，羊膜囊的大小会不断增加；但在后三分之一的孵化期间，由于羊水积蓄减少，羊膜囊会缩小，直到破壳期羊膜囊中的羊水会完全消失。孵化的末期，有时可见胚胎吞下羊水，它吞咽羊水的速率取决于孵化环境的湿度，也就是说它可以对湿度的变化进行补偿。

接近孵化后期时，羊膜硬化结合点会破裂，剩余的蛋白和羊水混合，使胚胎能将最后的蛋白随羊水一起吞入。在孵化过程中，不合适的孵化温度或翻卵不充分，会推迟羊膜硬化结合点的破裂。

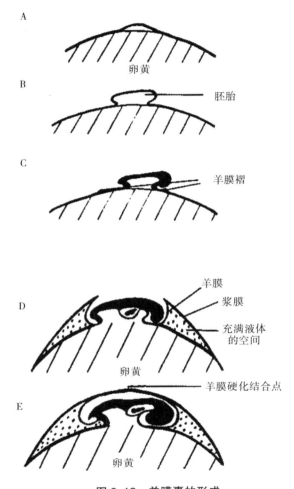

图 6.13 羊膜囊的形成

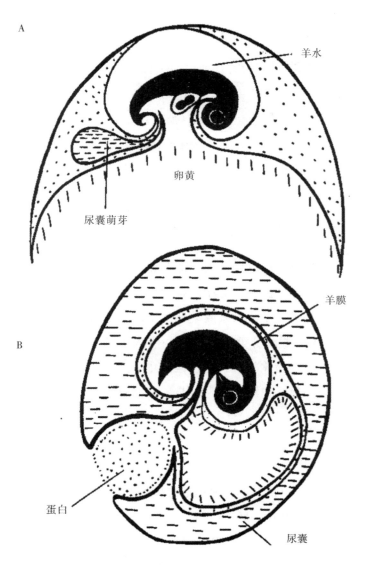

图 6.14　尿囊的形成

气体交换

在家鸡卵 21 天的孵化期里，一枚鸡蛋从开始孵化到出壳需要消耗 $4617cm^3$ 的氧气，呼出 $3864cm^3$ 的二氧化碳。而雏鸡的肺直到破壳前时才会起作用，所以这些大量的气体必须通过卵壳与外界进行直接交换。尿囊膜表面有发达的血管网，能直接与卵壳和气室的膜接触，是雏鸡与外界进行气体交换的呼吸器官。

非气态废物的处理

肠道和肾脏形成后不久，即开始发挥它们的功能，尽管最初的方式非常原始。胚胎的排泄物不是经过泄殖腔进入羊膜液，而是进入羊膜与浆膜之间的空间内（如图 6.14B 的点状区）。水分被血管重新吸收，一些含氮的废物被转化为不溶性尿酸，以晶体的形式留在尿囊中，与从肠道排出的其他固体废物一起，在雏鸟出壳时与残留的膜一起留在卵壳中。

体　节

所有有关胚胎学的教科书都会提到体节阶段。与计算卵所孵化的小时数相比，胚胎的体节数更能精确地反映胚胎所处的发育阶段。每枚卵从形成到产出所经历的时间各有不同，这取决于卵在被产出之前在输卵管里停留的时间，同时，那些被储存了一段时间的卵在进入孵化机后最初的几个小时内不会像未经储存的新鲜卵那样快速地发育，孵化温度也会显著影响胚胎最初生长发育的速度。

体节的发育，是在头和尾褶皱出现后不久。伴随着胚胎大脑和血管系统的形成，它们是中胚层的细胞块，出现在正在形成的脊髓的两侧。第一对体节出现在头端，随着时间的推移，从头部向后，越来越多的体节成对出现。第一对体节大约出现在孵化 22 小时以后，到孵化第 5 天，大约会出现 50 对体节。在显微镜下，将胚胎染色后，能清楚地看到胚胎的体节。

根据胚胎学可以追溯生物的进化。低等生物，如蠕虫，身体由一系列相同的片段或称体节连接在一起而组成。每个体节都有自己的血管和神经、环状肌、支撑弓、原始肾脏和生殖器官。在更高等的成年脊椎动物的身体中，这种躯体的排列形式仍然可以从每块脊椎骨都有与其对应的一对肋骨，以及对应的动脉、静脉和神经反映出来。

由几对体节融合形成头部的骨骼，上喙则来自一对体节，下颌骨也是如此。在颈部，仅有的原始体节的证据是颈椎骨以及气管的软骨环或鸣管。几对体节融合形成了翅膀和腿。

每一个体节最初都有自己的一套原始的肾脏和两性腺，但这些在多数体节中都迅速地消失，只有在少数体节中，这些原始器官坚持形成了最终的器官和管道。

每个体节的主要部分形成骨骼和肌肉，但在每个体节的外部都长出一个小突起。这个突起，或称为生肾节，是有功能的

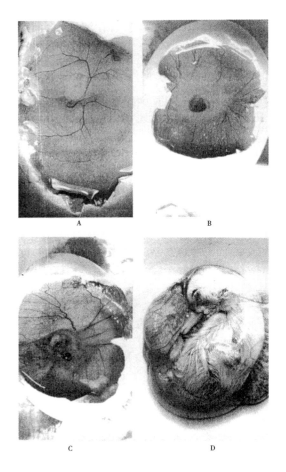

图 6.15 胚胎发育的阶段（腹面）

A 卵壳中的鸭胚胎：孵化第 4 天

B 卵壳中的鸭胚胎：孵化第 5 天

C 卵壳中的鸭胚胎：孵化第 6 天

D 第 17 天鸭胚胎的胎膜

原始的肾脏组织。生肾节从形成的那一刻起，就排出少量的尿液。每个生肾节都长出一个向后的芽与后面的一个芽连接，整体形成一个共同的导管通向后肠。当导管形成以后，第一个体节的尿液就会顺着导管滴下来。

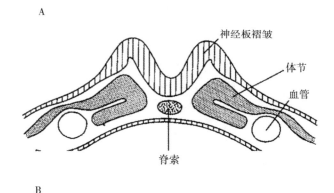

图 6.16 胚胎横截面

从孵化第 4 天开始，尿液会经过后肠进入尿囊，尿液中的水分在那里被重新吸收。

随着胚胎的生长，首端的生肾节会枯萎、消失，但导管仍

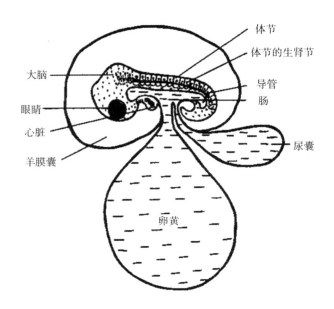

图 6.17　体节的位置和排列图

然会保留下来。中段的一些生肾节会发育成生殖器官，如卵巢或睾丸。导管将发育成精索或输卵管。在这个阶段，能形成后代的生发细胞（germinal cells）已经出现。在这些生发细胞形成阶段，孵化过程中任何孵化条件的异常都会对这只鸟未来潜在的繁殖力产生严重影响，甚至会导致不育。

　　发育成生殖器官的体节下方的体节最后会发育成肾脏，前肠和后肠因为直接与卵黄囊连接而延长，咽喉和肛门分别在前端和后端形成。

　　肝和肺由前肠萌发出的芽发育而成。

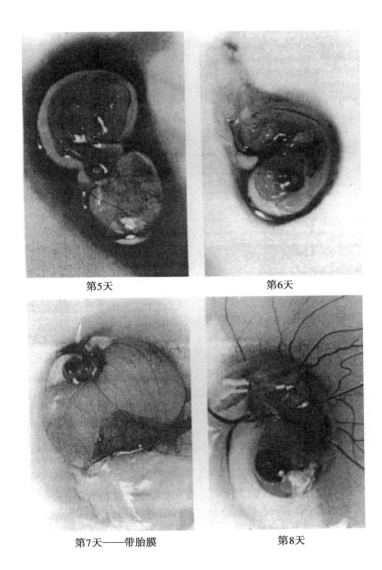

第5天　　　　　　　　　　　第6天

第7天——带胎膜　　　　　　第8天

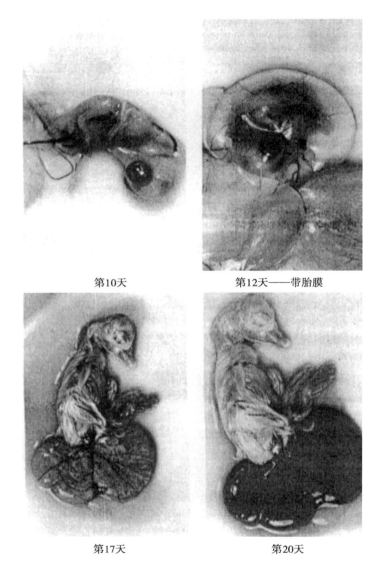

第10天　　　　　　第12天——带胎膜

第17天　　　　　　第20天

图 6.18　鸭胚胎的发育阶段（去除了卵壳）

胚胎的生长

到孵化的第 4 天，胚胎的大部分器官已经开始出现。但我们所能看到的主要部分是胚胎的脑部，以及大而原始的眼睛和在身体外跳动的心脏。

到孵化第 6 天，褶皱过程已经完成，心脏被包裹在身体内，同样的褶皱过程也形成了原始的肠道。在胚胎很小的躯干上可以看到四肢的芽，这时头部是胚胎最大的部分。包括性器官在内的内脏器官已经开始形成。

到孵化的第 10 天时，胚胎看起来已经具有鸟类的特征。爪、翅膀和喙已经逐步形成，躯干的生长开始快于头部生长。羽芽也开始沿背部呈点状出现。

胚胎的生长和正确的胎位

从原条期开始，胚胎逐渐在卵中形成。在孵化的前 4 天里，胚胎的长轴（胚胎的头部到尾部）与卵的长轴成直角。如果我们在远离气室的一端，即在卵的锐端观察，会见到胚胎的头部位于卵长轴的右侧。

到孵化第 4 天，褶皱过程仍在进行，胚胎会逐渐呈左侧卧，胚胎的头部和躯干呈极度弯曲状，胚胎的头尾几乎连接在一起。

当羊膜形成以后，胚胎就能在其中自由移动，这时胚胎通过长的脐带与卵黄囊连接，同时也与尿囊的血管连接在一起。羊膜的搏动使羊膜和胚胎能以惊人的速度在整个卵中自由移动。大约在孵化第 11 天或第 12 天，随着生长，羊膜的大小大约占据了卵一半体积时，羊膜在卵的钝端、靠近气室的位置固定下来。这时的胚胎背部朝下，躺在卵黄囊的凹陷处，胚胎的长轴仍与卵长轴垂直，头部仍然位于卵长轴右侧。

从这时起，胚胎头部的生长变得非常缓慢，而躯体和颈部迅速生长。当胚胎躯体的重量大于头部时，由于重力作用会使胚胎尾部慢慢移向卵的锐端，这时胚胎已经在卵中呈固定的侧卧状。

随着胚胎身体的移动和生长，卵黄囊的搏动，使它逐渐往前滑动，使胚胎的背部渐渐靠近和接触到卵壳膜，直到整个卵黄囊位于胚胎的前面，胚胎的双腿和脚分别位于卵黄囊柄的两侧，这时剩余的蛋白都被挤到了卵的锐端。

进一步生长的胚胎，最初与卵长轴成直角，随着继续生长，胚胎的尾部被进一步推向卵的锐端，随着颈部的生长和运动将头部挤压到右翅之下。

由于胚胎对羊水的吞咽，羊水的体积会慢慢减少，同时随着羊膜硬化结合点的破裂，剩余的蛋白与羊水混合，也会消耗一些羊水。

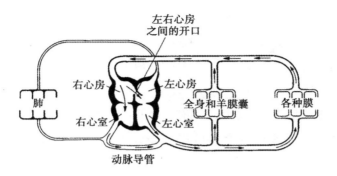

图6.19　胚胎的血液循环图

肺呼吸的建立

在这个发育阶段，胚胎与外界的气体交换完全依赖于尿囊循环。这个阶段胚胎消耗超过 4 升的氧气，呼出超过 3 升的二氧化碳。在出雏之前，胚胎开始进行肺呼吸，肺部的血液循环被打开，尿囊循环被关闭，尿囊腔内的液体在循环关闭之前被血管吸收。

胚胎的肺在很早就形成了，但是直到出雏之前，只有极少量的血液流经肺部，因为这时肺部没有膨胀也没有气体，所以肺内没有气体交换。在胚胎期，血液是通过心脏的分流机制进出肺部的。

和哺乳动物一样，成年鸟类的心脏有四个腔。富含氧气的血液从肺流出进入左心房，流经二尖瓣进入左心室，左心室收缩血液被输送到全身，从全身流回心脏的血液进入右心房，流经三尖瓣进入右心室，右心室收缩将血液输送到肺内，这样，就完成了"8"字形循环。

在胚胎期，只有很少的血液从右心室被压入肺内，所以很少的血液流回左心房，这少量的血液循环是通过心脏的分流机制而完成的。

在胚胎期左右心房之间有一个开口，从全身流回右心房的血液有一半通过这个开口进入心脏的左侧，再次被泵入到全身。

另一半循环分路是一段很短的动脉，也叫动脉导管，它将主肺动脉与主动脉连接。由右心室泵出的血液不会进入肺部，而是通过动脉导管在体内循环。

流经胚胎出来的血管形成脐，通往浆膜，血液在这里进行气体交换，携带氧气释放二氧化碳。因此流回心脏的血液有一半已被净化，富含氧气，而另一半血液则没有被净化。流经肺部很少量的血液也没有氧气，因为在这个阶段肺部还没有空气，呈萎缩状态。

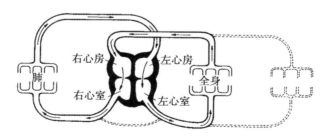

图 6.20　成鸟的血液循环图

作用机制

从尿囊呼吸转换成肺呼吸的第一步是血液中的二氧化碳含量上升。这是由于胚胎已经生长到了实际的大小，充满了整个卵的空间，尿囊膜已经无法满足胚胎对氧气的需要，尿囊循环也开始关闭。

二氧化碳含量的增加导致胚胎颈部肌肉痉挛，由于这时胚胎头部被挤压到了右翅之下，喙的尖端正指向气室，颈部的肌肉痉挛导致头部运动，喙尖戳向上方，第一次刺破尿囊膜，于是喙进入气室，现在雏鸟已经准备好第一次呼吸了。

尿囊循环继续关闭，肺内的动脉打开，并使肺组织扩张膨胀。这种膨胀的过程类似于给自行车内胎打气。当车胎气不足时，车胎柔软而松弛，但当给车胎打足气时，车胎膨胀，则会成为一个相当刚性的结构。血液流进肺部动脉时产生的膨胀会使肺泡或与肺部连接的气囊扩张膨胀，而使空气被吸入肺泡和气囊。这时真正的呼吸运动开始了，虽然在此之前这种呼吸运动偶尔也会出现。

随着肺循环的开始，大量富含氧气的血液现在从肺流进左心房，而在此之前，所有流经身体和浆膜又流回心脏的血液是从右心房进入心脏的。由于右心房的压力略高于左心房，分流机制使血液从心房之间的开口被分流。

来自肺部的血液增加了左心房的压力，使左右心房之间的瓣膜被推闭，并完全闭合。与此同时，动脉导管关闭，使从右心室流出的血液被完全泵入肺部，血液在肺中被充入氧气，整个过程大约需要两天时间。当最后的血液离开尿囊时，雏鸟已经准备好出壳了。

卵黄收回体腔

同样，导致颈部肌肉痉挛的机制，也引起卵黄囊和腹部肌肉的痉挛和收缩。卵黄囊，连同它的血管，慢慢进入胚胎的腹腔。这时雏鸟的肠已经形成，卵黄囊直接在肠内部打开，这样肠道就可以消化卵黄了。虽然这时整个卵黄囊被拉入体腔，但大部分卵黄是在雏鸟出壳以后才被吸收利用的，实际上卵黄在即将被吸收殆尽之前，营养是通过卵黄囊上的血管被吸收的，只有很少量的卵黄经过肠道被吸收。卵黄囊被拉入体腔的时间，与肺开放的时间相同，整个过程在雏鸟出壳之前完成。

雏鸟出壳机制

雏鸟的喙进入气室，进行呼吸，使气室中的二氧化碳含量升高，含量会升高到 10% 或更高，很快气室中的空气会变得对雏鸟非常有害，于是刺激了雏鸟颈部出现更强烈的抽搐，直到一次强的抽搐所引起的头部运动导致了雏鸟第一次将卵壳啄破。从雏鸟的喙进入气室开始呼吸，到在卵壳内第一次啄破卵壳的时间，不同的雏鸟之间会有所不同，时间的长短通常与物种不同的孵化期相对应，从 3 小时到 3 天不等。将卵壳啄破以后，雏鸟能呼吸到外界的新鲜空气，通常雏鸟会在这一点停留一段时间休息一下。雏鸟啄破第一块卵壳的时间，通常也是卵黄囊刚好被完全吸入体腔内的时间，但也不是总是如此，这时尿囊循环仍然很旺盛。从雏鸟啄破第一块卵壳到雏鸟从卵壳中出来的时间也不尽相同，这个时间可以短到半小时，或者长到3天，随着物种和孵化期的长短而不同。到雏鸟完全出壳时，卵黄囊已经被完全吸入体内，所有的血液离开了薄膜。

破壳而出

从图 6.21 中可见，出壳之前时，雏鸟在壳中的位置是：尾部位于卵的锐端，颈部向右侧弯成圆弧形，头在右翅之下，喙指向气室。双腿和双脚的位置象被捆绑住一样，使其在壳中动弹不得。

图 6.21　鸭胚胎进入气室时的姿态（卵黄囊几乎完全被吸收了，尿囊血管和卵壳被剥离）

所有鸟类在胚胎时期都有卵齿。卵齿位于上喙表面尖端，是一个小突起，破壳时卵齿能帮助雏鸟很容易地将卵壳敲碎。卵齿在雏鸟出壳后几天会消失。在雏鸟头部和颈部后侧也有非常发达的肌肉——破壳肌，这些肌肉也会在雏鸟出壳后退化。随着破壳肌的收缩，动作沿着颈部延伸到头部，迫使喙上端的卵齿在卵壳内与卵壳内壁碰撞并打破卵壳。

雏鸟破壳时有两种运动。第一种是头部剧烈地抽搐运动，使喙上的卵齿击碎一小块内卵壳，通常随后喙会重复地张开和闭合，似乎是在将卵壳上的小洞扩大。第二种运动是颈部肌肉和背部肌肉的持续收缩，这种收缩往往会使盘绕的脖子趋于伸直，由于喙被牢牢地挤压在内壳上，所以打开颈部的这种运动会使身体在卵壳中沿逆时针方向轻微旋转。双脚也会顶住卵内壳来帮助这个运动，当颈部和背部肌肉放松时，身体往往会保持在一个新的位置上，同时头部重新在右翅下蜷起。

喙的每一次猛击内壳都会在原来破口的左边产生一块新的碎片，雏鸟会以这种方式将卵壳啄破一圈，直到整个卵壳顶部被掀开，最后一次猛击使雏鸟的头部先从卵壳中出来，接着的一端将自己从壳中踢出，一个湿漉漉、筋疲力尽的小生物就这样诞生了。

干燥

雏鸟出壳后，所有的薄膜都留在卵壳内，无血的脐带能很容易地从雏鸟的脐部断裂脱落下来。

雏鸟身上绒羽经变形后像蒲公英的种子一样。在卵壳内时，每根绒羽是卷曲的而且被外鞘包裹；出壳后，雏鸟绒羽逐渐干燥，包裹在外的鞘裂开后脱落，卷曲的羽枝变得蓬松，形成了成熟的绒羽。脱落的绒羽外鞘留在孵化机器内。

异常的胎位

不是所有在孵化后期活着的胚胎都能成功地出壳，通过验卵发现，许多不能成功出壳的胚胎是由于胎位不正。不正常的胎位有多种多样，按发生频率的高低将其分类，列举如下。

胎位不正 1 头部在大腿之间。胚胎在开始出壳之前，头部仍没有到达右翅下。这种情况很常见，但实际上这并不是引起胎死壳中的原因，虽然一般都这样认为。如果胚胎的发育缓慢或者死亡发生在出壳之前，胚胎的头部也会在双腿之间。

胎位不正 2 胚胎头部位于卵的锐端，这种胎位并不是致命的位置，因为这种胎位的胚胎至少有一半仍能成功地出壳，不会憋死在壳中。由于卵的锐端没有气室，所以胚胎在将卵壳啄破之前无法吸到氧气，但许多胚胎的死亡是在啄壳之前。胚胎头部在卵锐端时，运动受到限制，所以许多胚胎不能充分地在卵内旋转，成功地将卵壳啄破。卵入孵时，如果将卵的锐端朝上，会有50%以上的可能造成这种不正常的胎位。

胎位不正 3 胚胎头部在左边。如果胚胎的头部在左翅之下，破壳过程中雏鸟在卵内则是顺时针旋转，而不是像正常的胎位那样，头部位于右翅下，破壳时在卵内是逆时针旋转，理论上头部在左侧的胎位最后也应该能顺利出壳，但实际上这种胎位的雏鸟几乎没有能顺利出壳的，所以头部在左翅下的胎位是真正致命的胎位。

胎位不正 4　胚胎在卵内身体沿着卵的长轴旋转，这样喙的尖端会离气室越来越远，胚胎以这个方向转动是不可能出壳的。如果在孵化期过后，卵被打开，常常会发现胚胎有身体畸形等其他的问题。

胎位不正 5　脚位于头之上。通常情况下，双腿弯曲时，双脚可以有力地向外推卵壳，帮助颈部和背部的肌肉使胚胎在卵壳中转动，如果脚处于头上方这个位置，胚胎在卵壳内转动就很困难了，绝大多数的胚胎是无法出壳的。

胎位不正 6　头位于翅膀上方。这种胎位是正常胎位的变形，不会阻碍雏鸟出壳，这种胎位的死亡可能是由其他原因引起的。

胎位不正 7　胚胎横卧在卵中。即胚胎的长轴与卵的长轴仍然呈垂直。这种胎位很罕见，常发生在形状很接近于球形的卵或者在不良的孵化条件下非常小的胚胎，往往还有其他缺陷会导致这种情况，这种胎位的胚胎基本不能出壳。

胎位不正的原因

引起胎位不正的原因很多，不可避免。根据机会法则，一定比例的胚胎会在毫无原因的情况下出现胎位不正，但不良的孵化技术会增加发生概率。这其中有一些是遗传因素决定的，但不合适的孵化温度，不充分的转卵，粗劣的处理方式，都会增加胎位不正发生的机会，引起胎位不正的一个主要原因是机械翻卵过程中过度的震动和颠簸。

第七章　成功孵化所需要的物理条件

　　不管使用什么孵化方式，用母鸡代孵、小型孵化机还是用孵上千枚卵的商业孵化机，要使一枚卵中的胚胎发育良好、成功出壳，必须为它营造一个合适的小环境。决定这个小环境的基本要素是温度、湿度、通风和翻卵。

　　如果用代孵母鸡孵卵，操作者只需要调节母鸡所在的环境因素，母鸡会本能地调节卵的孵化温度，如果卵变凉了，母鸡会卧得更贴近卵，让卵暖和过来；但是如果卵温过热了，母鸡会卧得不那么紧，或把卵向周边移动，使卵温下降一些。

　　如果使用孵化机孵卵，孵化机不会有母鸡孵卵的本能，而在孵化过程中卵对环境的需求是有所变化的，操作者必须对孵化机进行相应的调整。所以对于孵化机的使用者来说，重要的是按照孵化机的使用说明书的指导进行操作，以获得最好的孵化结果；而对于孵化机的设计制造商来说，应该比一般操作者有更多的孵化经验，才能生产出性能和孵化效果好的机器。

温　度

新鲜的卵在孵化时会吸收周围环境的温度，但随着发育的进行，活的胚胎会产生自身的热量，并发育出成鸟具有的正常的温度调节机制。直到快出壳时，胚胎内部的温度已经与成鸟相似，这时胚胎的体温比最佳孵化温度要高几摄氏度。在卵的整个孵化期，特别是最后的几天里，胚胎自身可能会产生大量热量，有时会使孵化机内部温度过高，这时必须要根据机器内部的温度，使用特殊方法给卵降温。一些小型桌式孵化机，机器的热量散失量通常总是大于卵所产生的热量，所以使用小型孵化机时，胚胎的产热通常不会造成很大的问题。一些孵化上千枚卵的大型孵化机，通常使用冷却盘管给机器内部降温。大多数大型商业孵化机设计了能最大限度地利用这种热的装置，将发育到后期胚胎所产生的热用于新鲜卵的孵化，来降低孵化成本。

图 7.1 中的温度曲线是由一个被放于正在孵化的蜡嘴雁（*Cereopsis*）卵的蛋盘前方的传感探头记录下的。蛋盘每 30 分钟会向前和向后旋转 90°，所以每隔半小时传感探头处于卵盘向前和向后转动时的空气气流中，图中可见，刚入孵不久的卵经过后空气温度没有上升，但接近雏鸟出壳时，卵经过后空气温度则上升了约 0.5℃（1.00°F）。

机器被设计成最大限度地利用这种热量，利用发育良好的卵所产生的热量来加热新入孵的卵，从而降低用电成本。大型

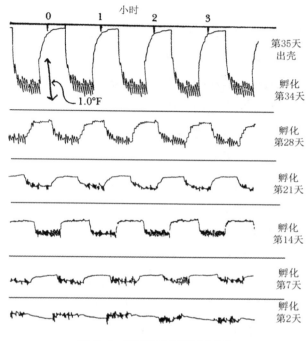

图 7.1　孵化期间胚胎的产热

孵化机比小型孵化机孵化效果好，其中一个主要原因可能就是因为利用了卵产生的自然热能。

空气流动也会影响最适孵化温度，因为较快的气流会带走卵自身所产的热，将卵冷却到孵化温度。这时作为对内部气流的补偿，机器内空气的温度需要比最适孵化温度稍高一点，在自动孵化机中，这一过程是由电子设备自动处理的。湿度也会以相同的方式影响最适孵化温度。水蒸发时有冷却作用，而水的蒸发量受到空气湿度、气流速度和空气温度的控制。

同样的情况下我们可以将卵想象成人，来说明上面的原理。如果一群人身处户外，在温度 15.5℃（60℉）下，所有人都感觉很舒适，如果这时开始刮风，他们感觉到冷，如果又开始下雨，雨淋湿了他们的衣服，那么冷的感觉就会加剧。如果将这群人转移到有相同舒适温度和湿度的室内，他们会重新感到舒适。如果现在室内的窗户和门都被关上，这样就没有了通风，室内就开始越来越热，直到让人难以忍受，特别是如果同时很潮湿，所有的热量都来自人们自身产生的热量。这时如果打开一扇窗户使室内有一些通风，带走一些热量和湿度，直到散热与产热达到平衡时，人们会重新感到舒适。

因此，温度、湿度、气流和每小时空气的变化量之间存在相互关联。在机器孵化时，如果这些因素的设定恰当，使机器内部的孵化温度保持稳定和平衡，卵才会被顺利地孵化出来。

孵化机不同的制作工艺，使不同的机器内部有不同的气流，因此，没有两台孵化机在完全相同的温度下能使孵化达到同样的最佳效果。更加复杂的是，所有的孵化机内部各部分的温度都是不同的，温度计放置点的温度可能会略微高或低于卵盘中温度，这也会影响使用推荐的最适孵化温度时的孵化效果。

卵的最适孵化温度也根据物种的不同而不同，影响因素有成鸟的体温、卵的大小和卵相对于雌鸟的大小、卵壳的多孔性和卵的孵化期。

除了家鸡之外，要建立起各种鸟卵的基础孵化条件仍需要做大量的工作。

人们在家鸡卵的最适孵化条件方面已经做了大量的基础研

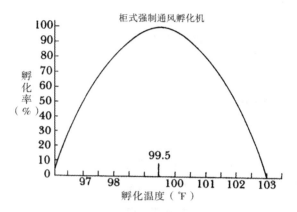

图 7.2　不同孵化温度下对应的卵孵化率曲线，气流和湿度保持不变

究，近年来对更多外来物种，如鹦鹉类和猛禽等鸟类也做了许多相关的基础研究。

　　从图线中可以看到，孵化家鸡卵时，当湿度和通风能够互补，达到动态平衡时，使用 36.9～38.0℃（98.5～100.5℉）的任何一个孵化温度，都能达到比较满意的孵化率，而只有用37.5℃（99.5℉）的孵化温度时才有可能达到100%孵化率。

　　从对其他一些种类鸟卵的孵化温度所做的有限研究显示，美洲鸵鸟的卵在 36.1℃（97.0℉）时，孵化率最高；雁卵在37.2℃（99.0℉），鸭类的卵在 37.3℃（99.2℉）时，雉类、鹑类和珠鸡类的卵在 37.5℃（99.75℉）孵化时，孵化率较高，当然这些卵是用专门做实验的孵化机孵化，在不考虑不同种类的鸟卵对湿度和通风的不同要求的前提下得出的结果。

孵化机的种类

空气静止型孵化机

　　一般柜式孵化机，内部的空气是随着风扇或旋转叶片的转动在箱内流动，促使孵化机内各部分的温度趋于相同。空气静止型孵化机与柜式孵化机不同，内部的温度呈现温度梯度，被加热的空气上升到孵化机的顶部，随着逐渐冷却，空气慢慢通过孵化的卵而下降到机器的底部，因此机器顶部与底部的温度差可以达到 $7.7℃$（$18.0℉$），空气在穿过卵的放置区域后温度会发生 $2～3℃$（$5～6℉$）的变化。

　　显然至关重要的是在接近卵的上方放一个温度计来显示此处温度，同时使机器内部有合适的气流通过，为卵在不同的孵化阶段维持合适的温度。

　　在孵化家鸡卵时，通常推荐从蛋盘底部往上 5 厘米处的温度是 $39.4℃$（$103℉$），在机器的底部铺上毛毡毯，通过调节毛毡毯的厚度使机器底部的温度能保持在 $30℃$（$86℉$）。这样能使卵的上表面温度为 $38.8℃$（$102℉$），卵的中心温度就可以达到最适孵化温度 $37.2～37.7℃$（$99～100℉$）。

柜式孵化机

　　柜式孵化机有 3 种类型：第一种类型的孵化机同时也兼出雏机，卵在能容纳几百枚卵的大型孵化机中孵化直到出雏；第二种类型是独立式出雏机，这种机器只用于孵化末期卵的出雏；第三种类型是用风扇辅助内部空气循环的小型桌式孵化机，这种类型的孵化机通常只用于孵卵，在孵化末期将卵移到出雏机中出雏。由于不会有卵在其中出壳，这类型的孵化机能孵化处于不同孵化阶段的卵。在孵化出雏机中，一般将孵化末期的卵移到孵化机的下层，那里的温度一般比机器上部稍低1~2℃，用卵自身产生的热量弥补机器下层稍低的温度。

独立式出雏机只用于出雏，根据机器不同的通风状况，出雏机内部的湿度必须稍高一些，出雏机设定的温度通常低于孵化温度。

不正确的温度对孵化的影响

不正确的孵化温度对孵化结果的影响取决于温度持续时间和发生的阶段。在卵孵化的最初几天里，雏鸟正处于形成阶段，很小的温度设置错误可能会对雏鸟发育造成很大的伤害，而到了孵化后期，同样的设置错误则基本不会对胚胎产生影响，或只会略微影响它的生长速度，以及雏鸟出壳的时间。

在发育过程中胚胎所能承受的温度变化很有限，超过约0.5℃（1℉）的温度变化可能对胚胎发育产生很大的影响，因此由于孵化机恒温器的问题引起的机器内部温度的波动能对卵造成很大的损害。由于胚胎在孵化最初的几天里对温度的波动很敏感，许多饲养人员在这个时期使用抱窝鸡孵化，孵化到第7至10天以后再将卵转移到孵化机中。通常错误的温度在当时看起来似乎没有什么伤害，但到孵化后期胚胎的死亡率会很高。

在一枚受精卵发育成一只完整的雏鸟过程中会发生无数复杂的变化，这些变化过程有严格的先后顺序，所有的器官发育在其结构和功能上都必须相协调。例如，孵化第4天里，胚胎内开始出现酶，因而能将单糖分解成二氧化碳和水。而在此之前胚胎只能分解利用乳酸，这个分解过程不需要氧气。这时胚胎开始需要氧气。随着生化反应的出现，血岛同时形成，开始制造血液。到第4天胚胎已经形成明显的血管，一部分血管能有节律地收缩，使血液在血管中流动，这部分将发育成心脏。在孵化第4天，大约在4小时之内，这部分能有规律收缩和舒张的管子经过延长，折叠成"Z"字形，然后通过自身各部分的结合和重塑，发育成为最后的心脏，使血液随着心脏收缩和舒张在体内沿着一个方向循环流动，而不再是像之前的没有方向性的流动。

与此同时，额外的胚胎膜正在生长，使得到孵化第4天，氧气和二氧化碳可以通过卵壳进行交换。

为了生存，胚胎对氧气需求量必须与氧气的供给机制相一致，如果任何一个发育进程与其他的进程不同步，则胚胎不是死亡，就是非常虚弱，将不会在下一个重大变化过程中存活下来。

在温度升高时所有的化学反应速度会加快，温度降低时反应速度会减缓，但并不是所有反应的变化速度都一样。孵化时不适宜的温度会导致这些复杂的过程发生紊乱，无论是生长过程或是酶的功能。如果心脏的一个异常是在最原始的管子进行折叠和塑造的关键时期，由于不适宜的孵化温度所导致的，那么这种心脏异常将是永久性的，即使在以后对孵化温度做调整，这种异常也不会被纠正。许多这样的胚胎在当时可以存活，但在出壳前转换成用肺呼吸的过程时则不会成功。

孵化温度过高的影响：如果在整个孵化过程中孵化温度过高，对胚胎的危害会很大，甚至到最后会导致没有雏鸟被孵化出壳，虽然有一部分胚胎会一直坚持到孵化后期，但最后还是会死在壳中。过高的孵化温度对孵化的影响与误差成正比。

有许多胚胎在发育后 4—5 天死亡，通过验卵可以看到卵黄周围形成的"血环"特征。胚胎在"血环"阶段时，如果孵化温度出现超过 1.1℃（2℉）的误差会导致许多胚胎死亡，但如果孵化温度只是略微高，对胚胎产生的影响则到后期才会显现。错误造成的影响一旦发生，就无法再纠正；即使在后几天将稍高的孵化温度调低，也只会进一步削弱胚胎，而不会弥补已发生的错误，到最后同样会造成很高的死亡率。

通常孵化温度高的卵，雏鸟出壳后很小，身上有许多黏液，许多雏鸟肚脐尚未愈合好，甚至可以看到卵黄囊尚未完全进入腹中。一些雏鸟过早地出壳，但许多雏鸟迟迟不能出壳，最后发现死在壳中的雏鸟发育吸收得已经很好。能出壳的雏鸟出壳后通常生长缓慢，在生长早期的死亡率很高。证据显示通常这种情况下会有许多雏鸟被淘汰，雏鸟可能还会出现一些轻微的畸形，如交叉的喙、弯脚趾、颈部歪斜等。

胚胎在孵化的后半段对略高温度的耐受力比孵化前半段相

对高一些，因为这时胚胎已经完全形成，而这以后只是在生长。这时偏高的孵化温度会使胚胎生长速度加快，发育正常的雏鸟会提前一天出壳。对此一些鹅的饲养者会深有感触。他们让雌鹅自然孵化一窝卵，几天后，为了保险起见，将其中一半的卵取出，留下另一半卵让雌鹅继续孵化后自然养育。取出的鹅卵放入孵化家鸡卵的机器中孵化，孵化温度在 37.2～37.7℃（99～100℉）。这个温度略高于鹅卵的孵化温度，但一部分鹅卵仍能够承受这个温度，比雌鹅自然孵化的卵提前 48 小时出壳，这使这些从机器出壳的雏鹅不能回到雌鹅身边进行自然养育。但如果这些鹅卵从一开始就被放到孵化机中在这个稍高的温度下孵化，胚胎很可能会在后期全部死在壳中。

孵化温度过低的影响：同样，较低的孵化温度对孵化的影响与误差程度成正比。略低的孵化温度会使雏鸟出壳延迟，但不会增加死亡率。像不断地把卵取出进行验卵一样，频繁打开孵化器门放入没有预热的卵，或者每次持续数小时的轻微降温，都会使孵化温度降低。人们曾经模仿雌鸟自然孵化时离巢取食，每天一次将卵从机器中取出，进行晾卵，虽然目前还不清楚这样对卵有没有好处，但这样做也许至少可以给卵一些新鲜空气，有益于胚胎进行气体交换。

如果由于孵化机内的空气流动过快，使孵化温度始终明显低于最适孵化温度，胚胎发育就不会很好，有许多胚胎会死在壳中。孵化温度低的情况下出壳的雏鸟，出壳时身上经常会很黏，沾有许多卵壳内容物，由于腹腔内的卵黄显得相对很大，使它身体看上去又软又大，雏鸟出壳进展往往很缓慢，雏鸟的腿无力，而且平衡感差，出壳过程也会很缓慢，有时会花几天的时间。

质量差的恒温控制器，会使孵化机的孵化温度有较大的波动，这样的孵化机的孵化率和出壳后雏鸟的质量都会很低。

孵化之前的预热

对于新鲜的卵来说，如果突然被放在孵化温度下，对它来说是一个不小的温度变化，如果用 24 小时将卵的温度上升至孵化温度，以更自然的方式开始孵化，会有更好的孵化效果。入孵之前的预热对于已经储存了一段时间的卵尤为适用。

湿　度

对于成功的孵化过程中是否只有一个最合适的相对湿度，这点还不确定，与胚胎发育过程中所能承受的温度变化范围相比，胚胎所能承受的湿度变化范围相对较宽。这是因为胚胎具有一定的控制自身水代谢的能力。

胚胎在孵化期的后三分之一时间，会吞咽一些羊水和混在羊水中的蛋白，用这种方式解决缺水的问题，如果胚胎太湿了那么它就不会吞咽羊水。

胚胎发育过程中肠和肾脏的代谢产物被收集到尿囊中，水分通过血液循环得到再利用，水分的吸收进程在一定程度上能够得到控制。

因此在孵化过程中一段过湿的阶段可以通过一段干燥的阶

段来弥补，反之亦然；但同是孵化要素，温度则不同，错误的
温度造成的影响是不能在以后被纠正的。

胚胎对湿度的补偿能力是有限的，如果孵化湿度能保持在
最佳极限范围内，就会有好的孵化效果。更多的有关孵化失重
的技术，参见第十三章。

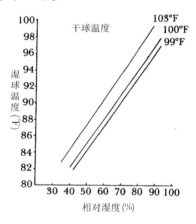

图7.3　不同相对湿度下湿球和干球的读数曲线图

湿度和温度的关系

水蒸发到空气中，以水蒸气的形式保留在空气中。任何一
定体积的空气中所携带的水蒸气的最大量，即饱和湿度，取决
于当时的温度和大气压力。

在实际应用中，大气压的变化通常可以被忽略，因为
它对卵孵化的影响不是很大。但是在高海拔地区，大气压
力要低得多，这使空气中的水蒸气含量减少，因此会影响
到孵化。

然而，在这些高海拔地区，与空气湿度下降相比，缺氧却是一个更大的问题。幸运的是，在英国的岛屿上，没有海拔很高的地区，孵化时不存在海拔高缺氧的问题，但如果是在喜马拉雅山区，这可能是个让人头疼的问题。

1000 立方英尺（28.3 立方米）的空气，在 21.1℃（70 ℉）时，其饱和湿度应为 710 毫升的水，也就是说最多可容纳 710 毫升的水。如果把同样体积的空气加热到孵化温度，如 37.7℃（100 ℉），那么这些空气中现在就能容纳近 1420 毫升的水，这时如果孵化机中有多余的水分，这些水分就会被吸到孵化机的空气中，直到达到最大饱和湿度。换句话说，加热孵化机中的空气会使孵化机变干燥。

相对湿度是指在一定温度下，空气中的含水量占饱和湿度的百分比。孵化时最佳相对湿度约为 50%~60%，即在孵化机中每 1000 立方英尺（28.3 立方米）的空气中，含有约 760 毫升的水分。如果这些空气从孵化机中出来，就会突然冷却，其中多余的水蒸气会冷凝成水，如果冷凝发生在电器的开关和接口上，则会引发一些问题。

相对湿度的测量

最简单、最便宜的相对湿度测量方法，是使用毛发湿度计，但遗憾的是，它所测量的结果并不是很可信。任何有野外露营经历的人都会知道，帐篷的拉绳和帆布在浸过雨水以后会收缩起皱，这种现象有时会造成帐篷倒塌，因此对露营者造成灾难性的影响。这个原理被应用于毛发湿度计中，人们发现人的头发是制造毛发湿度计最好的材料，将一些拧在一起的头发像帐篷的拉绳一样固定，头发在空气湿度时发生伸缩变化，从而牵动指针的移动。然而，即使是制造商也承认，在最好的情况下，毛发湿度计的误差也可能会高达15%或更高，而它的响应时间也变化太大，因此这种湿度计除了适合摆放在客厅里，对于测量孵化湿度没有很大的用处。

目前最精准的湿度测量仪是电子固态湿度仪。电子固态湿度仪是在非导体表面上的一些胶状薄板，胶状物中含有一种可电离的盐，其电阻可以随胶状物质吸收水量而变化，从而达到测量空气中湿度变化的目的。

湿度测量的标准方法是干湿球温度计对照法。液态水变成水蒸气时需要热量。给沸腾的水壶继续加热，热量并没有使水温继续升高，但加快了水的蒸发速度，水仍然在100℃（212℉）时蒸发。如果没有额外的热加快水的蒸发，则水在蒸发后温度就会下降，这时蒸发速度越快，温度下降得也越快（电冰箱的制冷也是同样的原理）。水蒸发速度受水的表面积和气流经过水面的速度的影响，其他的影响因素还有温度和气流中的含水量。

有多股细棉线或其他材料的线蓬松地拴绑在一起形成的蒸发棉芯，表面积比等量的这些物质大得多，所以这样的棉芯的蒸发和吸水力要快得多。影响水蒸发速度的因素是风速，温度和空气中水分的饱和程度，由于在孵化机中风速和温度是恒定的，所以只有相对湿度有变化。如果温度计的汞球表面包裹着浸湿的棉芯，孵化机内湿度的变化因此会反映在温度计的读数上（被称为湿球温度系统）。相反，某些观点认为，棉芯的大小并不重要，只要包裹汞球周围的棉芯能以比蒸发更快的速度将水输送到汞球周围，并且这些水的温度与孵化温度相同。然而，在快速变化的条件下，体积较小的汞球和棉芯对湿度变化的反应速度要比大的汞球和棉芯反应速度快。

如果棉芯变干或附着了蒸发水中的沉淀物，就会出现问题，因为这会影响棉芯运送水分的速度，如果棉芯的蒸发小于应有的蒸发速度，那么它将给出错误的相对湿度的读数。

所以重要的一点是，**保持湿球温度计棉芯的湿润，而且必须使用蒸馏水**，否则随着棉芯中的水分的不断蒸发，水中的矿物质会存留在棉芯上，影响棉芯水分的正常蒸发，从而给出错误的读数。温度计上的读数当然是温度的读数，如果湿球温度计汞球包裹的棉芯完全干了，那么它所显示的读数就与干球温度计相同，即是孵化箱中的温度。这种情况也发生在空气中的水蒸气处于饱和状态时，这样就不会发生蒸发，因此湿球温度计的温度也就不会下降。

在空气静止型孵化机中，湿球温度计、湿球水罐和孵化机的温度计必须处在同一温度梯度的平面上，否则它的读数是没有意义的。

湿度和气室

蒸发

卵产出以后，卵内的水分通过卵壳上的气孔向外蒸发。由于卵壳是刚性结构（不变形），虽然卵在刚被产出时还没真正的气室，但从被产出那一刻气室已经注定是在卵的钝端，随着卵产出后温度的下降，内容物遇冷后略微收缩，气室就开始形成。

卵内的水分散失率由温度、相对湿度和卵周围的气流决定，卵的质量，无论是为了孵化还是食用，都会随着卵内容物的蒸发而下降。

卵内的水分过快地蒸发会毁掉一枚卵，所以为了确保卵能有良好的孵化率，在卵储存时保持适当的储存条件很重要。卵的水分蒸发率也取决于卵壳的孔隙度。

在卵人工孵化期间，必须控制机器中水分的蒸发率。孵化的温度和气流即通风量可以通过设定被固定下来，而孵化机内空气的湿度则需要通过一种或多种方式将水添加到孵化机中来进行调节。

代谢水

代谢水是在胚胎生长发育过程中，食物被分解利用时，和二氧化碳一起产生的。这些代谢水一些被重新再利用，用于胚胎以后生长时复杂的化学反应过程，或是被作为胚胎重要的体液部分被保留下来。迅速在胚胎周围出现的羊水就是这样形成的。如果代谢水的产生量远远大于卵的水分蒸发量，这就使卵内的液体不断积存，在孵化过程中可以看到气室会逐渐变小。

孵化过程中卵的失重

通过气室的大小判断孵化湿度是否合适，是个好而方便的方法，与气室大小的判断法相比，称量卵重量的方法更好，但是也更加烦琐。一枚受精卵从孵化到雏鸟出壳，重量至少要损失初始重的 11%，通常认为 15% 的卵失重率是最理想的，一些权威观点推荐的卵失重率为 16%，当卵失重率在 20% 时，极少有雏鸟能出壳，即使出壳，雏鸟也通常存在缺陷。

部分卵失重是由卵内水分的蒸发引起的；虽然整个孵化过程中这部分卵失重并不均匀，但遵循了函数曲线规律。也就是说，首先从较快的失重率开始，在一定水平上稳定一段时期，直到最后阶段，失重再次加速。其余的卵失重是代谢损失；代谢损失遵循了指数曲线规律，就是开始较慢，其次逐渐增加直到孵化结束。

孵化的物理参数控制了孵化时卵的失重，在蒸发和代谢损失这两种因素同时作用下，卵失重曲线呈线性规律，曲线有 ±3% 的浮动范围。

一枚受精卵在孵化时，失重必须遵循这个曲线规律，雏鸟才能被成功地孵化出壳。如果卵在孵化的任何阶段没有失去足够的重量，这就意味着孵化环境太湿了，而如果卵的重量损失太多时，则说明孵化环境的湿度不足。

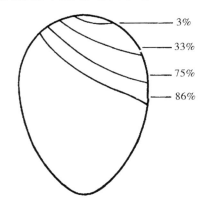

- 3%
- 33%
- 75%
- 86%

图 7.4 孵化期间卵气室的发展变化图

备注：孵化阶段 = $\dfrac{孵化天数}{物种的孵化期} \times 100\%$

不适宜的湿度对孵化的影响

发育期卵对湿度要求随卵中雏鸡的发育程度而变化。不同种类对湿度的要求有很大差异，但一般的规律是，在前半个孵化期里需要中等/低的湿度，而后半个孵化期内需要中等的湿度。到孵化期结束时，干燥的卵壳环境有助于雏鸟的喙进入气室，而在破壳和出壳期，接近100%的相对湿度对出壳很有必要。雏鸟出壳以后，则需要让身上的绒毛干燥变蓬松。

在孵化早期，湿度过小会使卵内容物过度缩水，从而使胚胎不能很好地调动卵壳中的钙质帮助骨骼的发育，导致雏鸟生长得过小，发育中的肾脏没有足够的水分来排泄代谢产生的废物，使胚胎的身体和膜液之间产生相对的浓度差，出雏后在卵壳中残留一些像胶水一样的蛋白残留物。多数的雏鸟在它们的喙进入气室，开始呼吸空气时死亡，那些能出壳的雏鸟也很小，通常是一只身上黏糊糊的可怜的小鸟。

如果在早期湿度过大，会使卵的气室很小，卵内有大量的未吸收的蛋白。这样的雏鸟通常很虚弱，雏鸟常常脐部未完全愈合就过早出壳，或卵黄囊没有完全进入体腔。许多雏鸟不能自己出壳，最后如果将卵打开，可以倒出许多多余的蛋白。卵黄囊显得很大，卵内的膜很湿，多数情况下，雏鸟是在破壳以后死亡的。

幸运的是，用称量卵重或观察气室大小的方法，可以对这时期不恰当的孵化湿度进行成功纠正。

干燥的内壳环境有助于胚胎在干壳期（喙进入气室之前）吸收剩余的尿囊液中的蛋白，同时使多余的尿囊液蒸发。如果这些多余的尿囊液无法蒸发就会积存堵塞在卵膜上，雏鸟的喙将很难把这些卵膜顶破而到达气室，同时也会使卵膜内的血管不能有效地闭合，而导致不完全愈合的血脐。

雏鸟在实际的出壳过程中，也就是雏鸟喙在卵内击破卵壳努力从壳中出来的过程，湿度必须高些，以防止卵胎膜变干燥，从而增加雏鸟出壳的难度。许多人愿意在出雏期使用空气静止型孵化机，因为这种孵化机内有足够的水，内部的空气流动性不是很强，与空气流动型孵化机相比，内部不会那么干燥。

如果孵化过程中温度和湿度设定得始终很合适，到出壳阶段，对湿度的要求就会显得不那么苛刻了。因为卵壳中不会有很黏的蛋白残留，卵膜也都会很薄，不会附着在新生的雏鸟身上，阻碍雏鸟出雏。

但如果孵化过程中温度湿度设定得不是一直很合适，但也能有足够比例的胚胎发育到出壳阶段，不合适的湿度就会使雏鸟在出壳时被困在壳中，这要么是因为在早期的湿度太大，卵膜过于坚韧，很难被雏鸟顶破；要么就是由于湿度过低，卵壳内有像胶水一样黏的未吸收的蛋白，阻碍了雏鸟出壳。

出壳阶段，在湿度不足的空气流动型孵化机中，环颈雉的卵壳膜会变得很坚韧，使发育得很好的雏鸟能成功地将卵壳啄破一圈，却没有力气将卵壳的顶部顶开，雏鸟会被一些坚韧的壳膜捆住而死在壳中。

通 风

孵化机内的通风和温度、湿度一样重要。孵化机成功的秘诀就在于机器中的空气流动，影响通风的因素有两个：一个是每小时空气的交换量，另一个是卵周围的空气流动速度。

每小时的空气交换量

每小时的空气交换量是由孵化机通风孔的位置和大小决定的。大多数孵化机都有不止一个通风孔，用调整这些通风孔的大小来满足卵对新鲜空气的不同需要。

在家鸡的 21 天的孵化期中，卵会利用 4617 毫升的氧气，呼出 3864 毫升的二氧化碳，或者换句话说，一枚鸡蛋会需要大约 4.6 升的氧气和排出 3.8 升的二氧化碳。在孵化的早期，受精卵只是一团食物和一个很小的活细胞。这时胚胎的气体交换非常微弱，随着不断生长，它的数量呈指数增长，因此到出雏阶段，100 枚鸡蛋每天需要 127 升的氧气，呼出 71 升的二氧化碳。

胚胎产生二氧化碳的量同时也反映了胚胎的产热量，所以这时打开孵化机通风装置，可以让多余的热量散发出去，同时也能排出二氧化碳，为卵提供新鲜的空气。

因此，除了空间巨大的可步入式孵化机外，所有孵化机内部的空气都会被交换到孵化室内，所以孵化室必须通风良好。可以通过一个简单的方法来验证孵化室内的空气是否良好，如果人在这个房间内工作不感到憋气闷热，就表明室内有足够的通风。

新鲜空气中含有约 80% 的氮气和约 20% 的氧气，也含有少量其他惰性气体和二氧化碳。二氧化碳在空气中所占的确切比例取决于获取空气样本的地点。在乡村，这个比例约为 0.03%；而在到处都是汽车的城镇，二氧化碳所占的比例可能会上升到 0.08% 甚至更高。

空气中的氧气浓度降低不会对出雏产生不利影响，直到氧气含量下降到 17%。当氧气含量在 17% 以下时，卵的孵化率就会降低。在海拔 2348 米以上的高海拔地区，空气中的氧气含量不足，无法提供好的孵化环境，因此有必要给孵化机内补充氧气。过量氧气对胚胎的影响只有在加入大量氧气后才会出现，而在正常的孵化条件下这种情况不会发生，但如果机器内

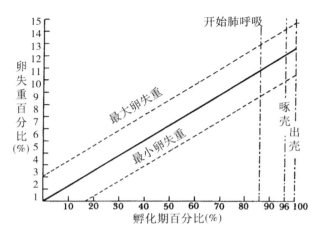

图 7.5　卵孵化失重曲线

部或孵化室内通风不足，则会出现缺氧的情况。

　　在家鸡卵的孵化时，孵化机中最合适的二氧化碳浓度是0.4%。一些证据显示，对于环颈雉卵，最适合的二氧化碳浓度会稍低一些，对于水禽卵，特别是家雁类，则稍高一些。空气中二氧化碳浓度高于1.0%时对所有种类的卵都是有害的，高于2%时则是致命的。在孵化开始最初的几天里，低水平的二氧化碳浓度会加速这个阶段胚胎的生长，但在末期有可能使出雏率有所下降。

影响通风率的几个因素

孵化机的情况

孵化室和孵化机一样重要。室外通风良好的木棚屋显然要

142

比砖混结构的老式地下室的通风率要好得多。为了使同一台孵化机，在两种环境下产生相同的孵化率，地下室里的孵化机必须要比室外棚屋里的孵化机的通风口多打开一些；在调节湿度和最适孵化温度时也必须考虑这种差异。不建议选择不保温的棚屋、温室和露天谷仓作为孵化室。

气压

随着气压的变化，一定重量气体的体积也会变化。气压增加使气体的体积压缩变小，而气压减小使气体的体积膨胀。一立方英尺（28.3升）的空气中确切的氧气含量取决于气压的大小。在海平面以下，目前还没有一个地方由于空气中氧的压力显著增加而影响卵孵化。但在海拔8000英尺（2438.4米）以上的地区，氧的压力会降低到临界点以下，水的蒸气压也是如此。当然，在这个高度以上的地方孵蛋是有风险的，除了那些已经适应了这种海拔高度的鸟类。

外部温度

热空气总是上升的。孵化室温度越低，孵化机内部通过通风孔排出来的热空气就越多，机器内的空气会被更多的需要加热的冷空气所取代。换句话说，当孵化室的温度低时，通过简单的对流方式增加了机器内部的对流，这时如果孵化机的加热器和加湿器能对此及时补偿，这就不会是什么大问题，但是，如果孵化室温度过高，就会减少通过机器内部的气流，并会导致孵化机通风不足。

许多小型孵化机在极端温度下就不能很好地运转，特别是在室温昼夜交替，温差很大的情况下。

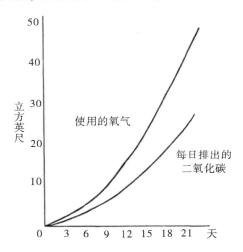

图 7.6　1000 枚家鸡蛋在孵化期间消耗氧气和产生二氧化碳量的曲线图

孵化机中卵的数量

同一台孵化机，以孵化卵数量相比，孵化卵的数量越多，需要的氧气和消耗的二氧化碳就越多。大多数孵化机，在孵满卵时，孵化效果会更好。通常建议，如果孵化的卵数不足孵化机容量的三分之二时，应该适当地关闭通风孔，以增加必要的二氧化碳含量，同时保存一定的热量。在对通风量进行任何改变之前，请参阅生产商的操作说明。

卵所处的孵化阶段

从图 7.6 可见，1000 枚鸡蛋孵化的第一天，需要消耗 0.5

立方英尺（14.2升）氧气，排出0.3立方英尺（8.5升）二氧化碳。而到孵化的最后一天，同样的鸡蛋需要消耗45.5立方英尺（1288.4升）的氧气，产生23立方英尺（651.3升）的二氧化碳。

因此，到接近出壳阶段，通风量需要比卵刚入孵时更大。假设孵化机中正在孵化的卵处于不同的孵化阶段，为了使机器中的二氧化碳含量维持在最佳水平，空气交换次数需要设定在大约每小时8次，而在出雏机中需要将空气交换次数设定在每小时至少12次。

通风量的监测

在绝缘良好、装有冷却盘管的大型孵化机中，二氧化碳浓度可以直接估算，使用正确的设备可以很容易进行估算，但这些设备会比较昂贵。一种更简单的方法是用烟雾弹产生的无害烟雾充满孵化机，然后测量孵化机清除这些烟雾所需要的时间。一个简单的计算就可以得到每小时机器中空气的交换量。

以下作为一般性指南，每100枚家鸡蛋每小时需要10立方英尺（283.2升）的新鲜空气；而100枚火鸡卵每小时则需要20立方英尺（566.3升）的新鲜空气。

通过卵的气流

设计一台孵化机时，在所有要解决的问题中，通过卵的气流量是最关键的。这是决定一台孵化机是否能将卵孵化出来的关键因素。

热的均匀分布

孵化机的所有部件都处于相同的温度是至关重要的，但即使在空气静止型的孵化机中，空气也不是完全静止的，而是从机器顶部的热区缓慢地向下移动，然后从底部流出。所有的卵都放在同一卵盘上，它们的温度是相同的，但卵上方的温度会较高，卵下方的温度会较低。

一些小型电动台式孵化机也有类似的工作原理。蛋盘被孵化箱四壁上的与卵处于同一水平的加热元件围绕。从加热器中升起的热空气在机器顶部聚集，当它们冷却后，会通过卵下降到孵化机的底部。空气通过加热器从下方发散出去，在加热器中再次被加热，然后上升，形成一个稳定的循环，这种孵化机被称为对流型孵化机而不是空气静止型孵化机。

对流的原理只适用于有单层蛋盘的小型孵化机，而较大的孵化机必须依靠机械来促使箱内的空气流动，使箱内的热量均匀地分布，显然，孵化机内部的空气运动越大，就越容易从加热器获得均匀的热量分布。

所有的柜式孵化机都配备有风扇或叶片来循环机器内的空气，这类孵化机的设计应确保在孵化箱内没有过热或过冷的点。

空气静止型孵化机实例

图 7. 7　Sunrise Vision 空气静止型孵化机

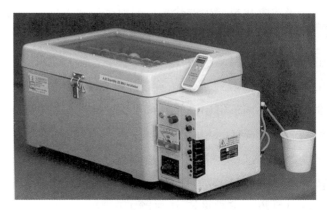

图 7. 8　A. B. Startlife 25 Mk312 型空气流动型孵化机

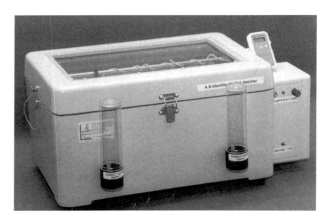

图 7.9　A. B. Startlife 25 空气流动型出雏机

发育中卵的热量的转移

在孵化的所有阶段，卵都依赖加热器所提供的热量。孵化最初，卵吸收孵化机产生的热量，卵温是孵化温度，到孵化进行到一半的时候，卵中活的胚胎开始通过自身的新陈代谢产生足够的热量，使体温高于孵化机内的温度。孵化刚开始，胚胎产生的热量很少，但到了出壳阶段，胚胎的产热量就相当多了，雏鸟的体温调节机制已经发育形成，体温保持在比最适孵化温度略高几摄氏度。

胚胎产生的这些多余的热量必须通过卵上方的空气流动来消除。如果空气流量不足，卵就会过热；如果空气流量过大，卵就会被过度冷却，胚胎会受到严重削弱，而这有时是致命的。这时，胚胎会拼命地维持体温，来抵御严峻的困境。

卵中水分的蒸发

卵中水分的蒸发率取决于气流通过卵的速度，以及孵化机中空气的湿度和温度。空气流动得越快，就有更多的水分从卵中被带走，相反，气流流动得越慢，被带走的水分就越少。卵成功地孵化依赖于卵在整个孵化过程中减掉接近15%的初始重量，这其中绝大部分重量的减少是来自卵中水分的蒸发，蒸发的速率必须是正确的。空气流速高的孵化机中需要湿润，而空气流速低的孵化机中则需要相对干燥一些。

蒸发也会将热量从卵中带走，因此空气流动快的孵化机中的温度要比空气流动慢的孵化机温度稍微高一些，湿度也一样。

卵的气体交换

氧气经卵壳上的气孔进入卵中，同时二氧化碳也经气孔扩散出来，这两种气体扩散的速度不仅取决于卵壳内外两边这两种气体的浓度，也取决于通过卵壳的空气流速以及卵壳表面的气孔数量。二氧化碳不仅仅是一种需要清除的废物，在酸碱基缓冲系统中也扮演着重要的角色，以确保卵的pH值或酸度保持正确。二氧化碳溶解在水中能形成碳酸，它的化学反应方程式为 $H_2O+CO_2=H_2CO_3$。

卵中二氧化碳的含量决定了卵中蛋白的酸度，过多或过少二氧化碳都会改变卵中的蛋白质，极端情况下会使其变性。如前所述，孵化机空气中二氧化碳最佳水平是0.4%，如果空气流量过大，会带走所有卵中的二氧化碳；如果空气流量不足，卵中升高的二氧化碳会严重削弱胚胎。

因此任何一台孵化率高的孵化机，孵化的温度、湿度之间，通过卵的空气流量和通风孔大小之间都有一个临界平衡。任何一个因素发生变化，其他因素必须随之加以调整进行补偿。例如，打开通风设备让多余的热量散出去，必须同时增加孵化机中的水，使孵化湿度恢复到正确的水平。

不幸的是，除了家鸡卵外，在其他物种卵的临界平衡方面还没有做足够的基本工作，但一般来说，卵越大，在孵化时产生的热量和排出的二氧化碳就越多，所需的氧气也越多。卵在孵化时对湿度的要求往往反映了这一物种所在的自然筑巢地点的状况。在水上筑巢鸟类的卵需要高的湿度，而在干燥地区筑巢鸟类的卵则需要低的湿度。

翻　卵

通过用人工电子卵对自然界鸟巢中的卵进行的监测发现，在孵化期间，孵化的鸟每隔大约 35 分钟会对巢中卵的位置做重新调整和翻卵。一些生活在靠近热带的鸟类在孵卵时不翻卵。比如，澳洲的眼斑冢雉（Mallee Fowl，*Leipoa ocellata*）和丛冢雉（Brush Turkey，*Alectura lathami*）的雄鸟会将大量植物堆积成一个大的植物堆，随着植物堆的腐烂，它会被加热。被吸引来的雌鸟将卵产在这个大植物堆中，雌鸟对卵的孵化没有任何兴趣。在卵被埋在植物堆中以后，雄鸟用爪不断地刨沙土，将沙土盖在植物堆顶上，然后再刨去，用这种方式来调节卵孵化的温度。雄鸟的爪对温度很敏感，能感觉到植物堆的温度是否合适，如果温度低了，它就在植物堆上盖上更多的沙土来保温；如果温度高了，它就将堆上的沙土刨开来促进散热。野外的最新观察显示，一些冢雉的舌头对温度变化很敏感，它们将喙伸到植物堆上的沙土里，用这种方式监测温度变化。

雄鸟从来不翻卵，但人们经常会注意到，只有那些气室朝向上端、垂直放置孵化的卵才能孵化出雏鸟，而那些不完全垂直和气室朝向下端的卵通常是不会孵化成功的。

在所有其他种类的鸟类中，孵化时如果不定时翻卵，是不会孵化成功的。对于经过人工选育了许多世代的家鸡卵来说，孵化期间每天翻卵 2 次，已经是足够了，但对于所有其他种类的鸟卵来说则需要每天至少 3 次翻卵，最好是更多次。

对于孵化的研究显示，卵黄所占卵内容物比例大的卵（冢雉科鸟类卵黄占 67%），爬行动物的卵，在孵化时都不需要翻卵。而夜鹭的卵，卵黄所占比例相对小（占卵重量的 19%），与雉类的卵黄（占卵重的 35%）相比，夜鹭卵需要更多次的翻卵。

多数孵化机有自动翻卵功能，每小时进行自动翻卵。翻卵在人工孵化早期非常重要。有一个实例，一位饲养环颈雉的农场主孵化环颈雉卵的孵化率通常在 80% 以上，但他没有注意到他的大型孵化机的自动翻卵装置坏了，他估计翻卵装置在被发现故障之前 3 天就已经停止工作了。

他每隔一周入孵一批卵，在发现翻卵装置不运转以后，第一批雏鸟的孵化率下降到 73%，第二批雏鸟的孵化率只有 51%，第三批雏鸟的孵化率还不到 20%。后来几批雏鸟，孵化率没有受到故障的影响，孵化率又回到了 80% 以上。

没有孵化出壳的胚胎在翻卵装置发生故障以后并没有死去，雏鸟都是在快要出壳之前死亡的。许多胚胎在卵中的胎位不正，而且所有的雏鸟都是在喙进入气室之前死去的，因为在卵被转移到出雏机之前的例行验卵时显示它们都是活的而且活得很好。

在孵化期的最后 3 天里，这时的雏鸟在卵壳内正将自己慢慢地转动到出壳的位置上，这时就没必要翻卵了。

为什么要翻卵？

与胚盘接触的那部分卵黄比其他部分的卵黄要轻，所以这部分卵黄总是趋于漂浮在卵黄顶部，在卵系带的牵动下旋转卵黄。卵的每一次转动都可以使胚盘接触到新鲜的营养，这种转动在胚胎发育出血管，利用血管吸收营养之前是必不可少的。所以在这个胚胎发育的关键阶段，如果不进行卵的翻转，就会严重地阻碍胚胎对营养和氧气的吸收利用。

整个卵黄的比重也比蛋白要轻，所以卵黄也总是趋于漂浮在卵内的顶部表面。是卵系带牵引卵黄将它悬浮在卵的中央，卵系带会延迟但不会停止卵黄向卵的顶部表面运动。如果不经常将卵翻转到新的位置，发育中的胚胎就会接触到卵壳膜，并粘连在卵壳膜上，导致胚胎及其膜的生长异常和畸形，这对于胚胎是致命的。

在胚胎的肾脏和肺的功能发育完全之前，胚胎的呼吸，气体交换，水分的代谢保存，代谢废物的排泄均完全依靠于胚胎膜。这些胚胎膜有羊膜、浆膜和尿囊膜，它们都是在孵化第一周形成，羊膜包围着胚胎，包含着重要的液体：羊水，胚胎就包裹在羊水中，同时尿囊也逐渐生长扩张到整个卵壳内表面。如果这时不频繁地翻卵，这些膜就会聚集在一起而无法正常地生长。在孵化早期，它们有限的功能是足够的，但随着胚胎的继续生长，在胚胎生长基本完成，对膜代谢量的需求达到最大时，胚胎会被卵内过多的代谢废物毒害而死。

胚胎在卵中的位置

在孵化的所有阶段中，每个阶段的胚胎在卵中都有确定的位置，定时翻卵是对胚胎在卵中这些运动的必要帮助，如果没有翻卵，胚胎在卵中就会出现错位，导致出雏期雏鸟无法成功地出壳。

我们用家鸡发育中的胚胎的胎位做描述。胚胎的首次可见位置在卵孵化大约 18 个小时以后可以看到，如果卵的气室端远离观察者，胚胎长轴与卵长轴成直角，头部在右侧。

随着胚胎继续发育和各个胎膜的形成，胚胎开始呈左侧卧，位于卵黄顶端。一旦羊膜完全形成并充满了液体，胚胎就会以各种位置在液体中摆动，羊膜的搏动使胚胎的身体发生移动，但到孵化的第 9 天，胚胎必须躺在卵的钝端，靠近气室，如果没有进行翻卵，就不能使胚胎进入这个正确的位置，这对胚胎的进一步发育是非常不利的。

到孵化第 9 天或第 11 天，胚胎又回到原来的固定位置，与卵的长轴成直角，头在右侧。它这时仰卧在蛋黄的凹陷处，所有的蛋白都被推到了鸡蛋的锐端。卵黄囊的缓慢收缩运动，加之翻卵，使胚胎从卵黄囊的凹陷处滑出并移动，使胚胎停留在背部靠在卵壳上的位置，这时整个卵黄位于胚胎的前部，胚胎的双腿呈折叠状放在胸前，同时也处于卵黄柄的两侧。

从现在开始到雏鸡出壳之前，随着胚胎不断地生长和扭动，会进入到最后出壳时的位置。胚胎仍然呈左侧横卧在卵中，随着它的腿的扭动和推动，它的尾部逐渐移动到卵的锐端。现在胚胎身体的生长速度比头部快得多，这一生长过程在重力的帮助下得到了加速，而卵的形状决定了卵即使被侧面放置，卵的气室端也总是位于上方。那些气室端朝下垂直放置的卵中，会有很大一部分胚胎的头部会位于卵的锐端，处于这种位置的雏鸡是很难出壳的。

胚胎保持头部朝左侧躺着，同时由于背部和颈部的快速生长使其颈部弯曲，使得喙逐渐移到了右翅之下指向气室。

一旦胚胎到达了这个位置（家鸡在孵化的第 17 天左右）就没有必要继续翻卵了，但继续翻卵也不会有什么害处。

翻卵的机理

只能用手进行翻卵时，把卵翻一下就可以了。在单层卵盘的空气静止型孵化机中，卵是被水平放置在卵盘上的。如果将卵外壳的一侧标记上字母"X"，另一侧标记上字母"O"，在每次翻卵以后，一眼就能看出是否每枚卵都被翻转过了。

重要的是不要每次都以相同的方向翻卵，否则会使一侧的卵系带越来越紧，而另一侧的越来越松，破坏卵结构，最后使卵黄在卵中自由漂浮，从而导致胚胎死亡。

机械的翻卵方式有几种，老式的孵化机，卵是放置在滚轴上，滚轴通过与之连接的绳子或链子旋转，操作者每天拉动数次。另一种翻卵方式是，卵放在一个类似排水沟一样的槽中，整个槽围绕一个中心点前后移动，所有的槽都由一根连接在杠杆上的杆连接，杠杆的前后运动使槽中的卵旋转。

大型孵化机中，多数翻卵方法是将卵垂直钝端朝上放置在卵盘中。将卵盘向前摇动45°，使卵的一侧处于顶端，然后再将卵盘向后摇动45°；两次翻卵，卵的位置夹角为90°，让卵的另一侧处于顶端，有效地进行翻卵。在一些单托盘小型孵化器中，翻卵有两种不同的方式。第一种方法是把卵都分别放置在方形网格中，网格大小是刚好使卵能松散地放在里面；网格下的塑料地毯前后移动，网格保持不动，卵随着地毯的移动而在网格内旋转。第二种方式是，卵被松散地放置在两条水平固定的挡板之间，随着塑料地毯前后移动，卵在挡板之间滚转。多层卵盘的孵化机，卵是被锐端向下垂直放置，卵被牢牢地包裹在一起，每次翻卵时，整个卵盘同时向前和向后转动90°。

推荐的设定值

有一个古老的故事，是关于加拿大北部的一个孵化场的事。孵化场有一条铁路，是一条支线的尽头，每周只有一趟火车，火车在每周三的中午 12 点到达。

整个孵化场的运行与火车运输时间相适应，卵每周出雏一次，雏鸡被装箱后准备由周三到达的火车运走。所有晚出壳的雏鸡被留下作为繁殖种鸡饲养起来。

随着时间的推移，几年以后，晚出壳的雏鸡在孵化场占的比例越来越大，直到有一天所有的卵出壳时间都推迟了，它们再也没有赶上过火车。然而，孵化场却成功地选育出了孵化期是 22 天的种鸡。

同样，大多数的大型环颈雉养殖户也会顺便地培育出特有的环颈雉种群，这些环颈雉能够适应他们多年使用的特制的大型孵化机。只有在这些特制的孵化机中才能出壳的雏鸟存活下来，成为今后的繁殖种群。事实上，养殖者定期地培育出了他所养殖的超级品系。如果养殖者不进行选育，这些特有的品系是不可能自动获得的。同时养殖者对所孵化的卵也进行严格的挑选，任何在大小、形状或卵壳质地上偏离平均水平的卵都不会被孵化。因为他们知道这些卵在特制的孵化机中的孵化率会很低，尽管这些卵让抱窝鸡去孵化，它们也会象其他卵一样能孵出来。

通常观赏鸟是最初来自野外，在圈养下只繁育了几代，没有经过孵化机的孵化选育，所以必须调整孵化机以适应这些鸟类卵的需要，而不是反过来让卵去适应孵化机的条件。

观赏性鸟类孵化条件的设置必须以那些在商业领域中能找到的最合适的条件为基础，并且只能根据已有的经验进行修改。

带有独立出雏机的柜式孵化机

每个生产制造商都会根据孵化机内部的气流和生产商的经验，给出稍有不同的建议。以下给出的数据是一般性指南，但必须明确地遵循生产商对孵化机的说明。

第 1 天到第 14 天

	家鸡	火鸡	珍珠鸡	环颈雉	鹅	鸭	鹑类
温度 （℉）	99.6	99.3	99.75	99.75	99.0	99.2	99.75
（℃）	37.5	37.4	37.64	37.64	37.2	37.3	37.64
湿球温度 （℉）	82.0	83.5	84.0	84.0	83.5	83.5	84.0

第 14 天转移到出雏机中

	家鸡	火鸡	珍珠鸡	环颈雉	鹅	鸭	鹑类
温度 （℉）	99.3	99.0	99.5	99.5	98.5	99.0	99.5
（℃）	37.4	37.2	37.5	37.5	36.9	37.2	37.5
湿球温度 （℉）	83.5	80.0	84.0	82.0	86.0	86.0	82.0

将卵移至出雏机的时间显然要根据卵的孵化期而定，这个时间通常是雏鸟的喙进入气室后或预计出壳日期的前 3 天。在孵化期的后半段，孵化温度略微低一些，这是由于胚胎现在开始具有自身体温。对孵化湿度的不同要求与卵壳的孔隙度和该

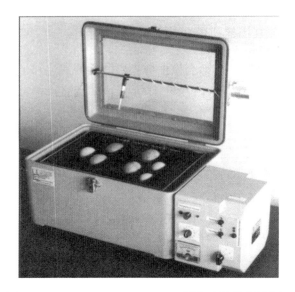

图 7. 10　A. B. Startlife 25 Mk 5 型移动地毯式孵化机

物种通常的筑巢地点的自然湿度有直接的关系。

　　移到出雏机以后，温度通常比孵化箱低 1℃，因为这时胚胎自身所产生的热量是最大的，干燥的空气会促进卵内水分的蒸发，因此能使胚胎的温度下降一些。胚胎在出雏机中的 24 小时期间，胚胎的喙将进入气室，它首先刺破尿囊膜，其次是卵的内壳膜。现在尿囊已经成为孵化过程中胚胎的肠道和肾脏代谢排泄产物的储存库，在出雏前的最后几天里，这些排泄产物中残留的水分被尿囊血管所吸收。如果尿囊膜是一个厚的、充满着液体的结构，胚胎将很难刺破它，使喙无法进入气室内呼吸到空气。尿囊血管也扮演着肺的角色，也就是说二氧化碳和氧气通过卵壳在尿囊血管中进行气体交换。大约在胚胎进行第一次呼吸的时候，肺血管打开，同时尿囊循环的量下降，不管胚胎这时是否已经刺穿了胎膜，这一过程都将发生。因此，这时通过促进水分蒸发来保证这些胎膜尽可能的薄对这一过程是有帮助的，也能促进雏鸟在气室中呼吸到空气。

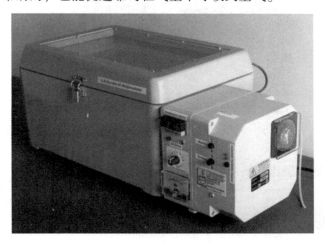

图 7. 11　A. B. Startlife 25 Mk5 M/C 移动地毯式孵化机

一旦雏鸟的喙进入气室开始用肺呼吸，气室中的二氧化碳浓度会显著升高，甚至会达到 22%，这就会刺激雏鸟，于是它开始破壳而出。雏鸟一旦将卵壳啄破，潮湿的胎膜就会暴露在空气中，孵化箱中的湿度会随之自然地上升，但湿度的自然上升并不足以阻止胎膜干燥，这可能会导致雏鸟被粘在卵壳中。

因此，必须进一步增加孵化箱中的湿度。

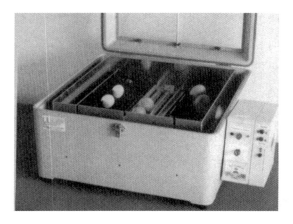

图 7. 12　A. B. Newlife75 Mk4 普通型孵化机

在大型出雏机中第一个 24 小时

	家鸡	火鸡	珍珠鸡	环颈雉	鹅	鸭	鹑类
温度 (℉)	98. 0	95. 5	99. 2	99. 0	98. 0	98. 5	99. 5
(℃)	36. 6	36. 9	37. 3	37. 2	36. 6	36. 9	37. 5
湿球温度 (℉)	78. 0	83. 5	83. 5	80. 0	82. 0	78. 0	80. 0

在大型出雏机中的第二个 24 小时和随后的 24 小时

温度　温度设置应该与之前的干壳期一样，保持不变。

湿球温度　湿度应该升至 65%，或湿球温度的读数为 32.0℃。

雏鸟完全出壳以后，应该打开通风机让雏鸟身上的绒毛尽快干燥。

图 7.13　A. B. Multilife 600 全自动鸵鸟卵孵化机（24 枚卵）

柜式孵化机，孵化兼出雏机

这类型的孵化机中，有不同孵化时期的卵，都在同时发育，它们需要的孵化条件稍有不同，因此孵化条件的设置必须是折中的。

当然，虽然每种类型的孵化机都有所不同，但孵化程序的安排通常都是大约每周将孵化机中的卵盘移动一次，最后将卵盘移到机器中的出雏区域，这里的温度比孵化箱中的其他区域低 1℃。刚入孵的新鲜卵被放置在最温暖的地方，通常是孵化

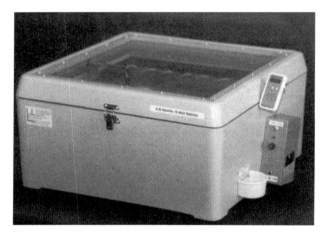

图 7.14　A. B. Newlife 75 空气流动型单卵盘出雏机

箱最顶层的卵盘中，然后，随着每周入孵更新鲜的卵，每个卵托盘每周都依次向下移动一层。

在这些大型孵化机中，湿度通常不是自动控制的。在孵化机内的地面上放有一些大水罐，每周一次将水罐中的水加满，罐中水的蒸发，为孵化机内部提供湿度，水罐中的水每隔一周被加满。水被加满后，孵化箱中的湿度是最高的，而随着水分的蒸发，湿度就会下降，到第 4 天左右，水罐中的水就蒸发完了，卵会有一个持续 3 天的干燥期来弥补之前过高的湿度。

卵开始出壳的时间被安排在最后的干燥期，以便卵在这时正好赶上最后的干燥期，使胎膜更容易被刺穿，然后通过加满水罐中的水为它们提供必要的高湿度，使雏鸟能顺利地破壳而出。

这些大型孵化机孵化效果之所以很好，是因为满足了以下两个条件：首先，孵化机中放满了卵，能为胚胎发育提供所需的热量；其次，人们虔诚地遵循着卵盘从上至下依次移动的固定程序和认真观察水罐，然后定期向水罐中加水。孵化机中的湿度很容易过大，特别是在孵化环颈雉的卵时，因为一些人错误地认为水罐中的水应该总是满的。如果孵化的卵数量少于满负荷设计的三分之二，通常建议稍微提高孵化温度，以补偿缺少的来自胚胎自身产生的热量。

今天，所有的大型孵化机都是全自动的，有电子传感器来测量所需要的湿度，然后通过喷雾装置将机内湿度保持控制面板上预先设定的湿度水平。

小型台式孵化机，风扇带动空气循环（空气流动型）

使用这些小型孵化机时，必须严格遵守制造商关于温度、湿度和通风的说明。防止热量损失的绝缘保温材料存在着很大的差异，而且在小型孵化机中孵化的大多数种类的卵，自身所产生的热量是不足以平衡由于不良保温而造成的机器内部的热量损失的。

孵化机的放置地点也很重要，如果放置地点的昼夜温差波动很大就会影响卵的孵化温度。孵化湿度通常是通过改变通风量来控制。使用小型孵化机是一门艺术，但许多廉价的小型孵化机的孵化效果往往让人很失望，小型孵化机的常规设置与大型柜式孵化机相似。

空气静止型孵化机

空气静止型孵化机有两种类型：石蜡燃烧型和电力型。

如上文所言，热空气不断上升到孵化机的顶端，随着热空气的冷却，逐步向下移动，从孵化机的底部排出。孵化机底部的毛毡毯控制空气排出的速度，因此能控制卵底部的温度。通常每隔一周移走一块毛毡毯来增加机器中空气的流动量。

石蜡燃烧型孵化机比电力型的效果好，因为热空气是由燃烧产生的。也就是说，热空气中含有水和二氧化碳，而电力型孵化机只是加热空气，而加热过程使空气干燥，因此电力型孵化机需要更多的湿度。

图 7.15　A. B. Multilife 1500 型全自动普通型孵化机

空气静止型孵化机的推荐设置

所有生产商的使用说明都各有不同，应该严格遵循。当卵开始自身产热时，孵化箱中的温度就会开始上升，这种温度上

164

升应该通过去除底部毛毡毯来控制，而不应通过调整控温装置。

家鸡 孵化的第一周，温度应设置为 38.3℃ （101°F），卵托盘距孵化机底部 5.08 厘米。孵化第一周末，应该移去底部的第一张毛毡毯。孵化第二周，孵化箱中的温度会上升到 38.8℃ （102°F），第二张毛毡毯应该在第二周末移开。要准确地测量孵化机内的相对湿度几乎不可能，所以很有必要根据孵化第 7 天和第 14 天时，卵气室的大小和卵的重量，来判断机器内的湿度是否合适，从而决定机器内是否需要添加水或减少水。

孵化第三周时，机器底部应该没有毛毡毯了，机器内部温度会上升到 39.4℃ （103°F）。雏鸟开始破壳以后，应该喷一些温水，为雏鸟出壳提供必要的额外湿度。这时不管在什么情况下孵化机的门都不能打开，否则就会损失机器内的湿度，从而降低雏鸟出壳率。

卵应该每天至少翻转两次，或者更多次，直到第一枚卵开始破壳时，此后就是等待它们在机器中自己出壳了。

环颈雉 如前所述，孵化环颈雉卵时，温度计应该放在距卵托盘底部 5.08 厘米处，整个孵化期间，温度计读数应该稳定在 39.7℃ （103.5°F）。孵化湿度与家鸡卵的湿度相似。孵化的第 8 天和第 16 天，在进行验卵和称量卵重量时，可以将毛毡毯移走。在孵化环颈雉卵时尽管在出壳期之前很容易给它们过多的水分，但到雏鸟破壳时，却容易受到湿度不足的影响。机器中有三分之一的卵开始破壳时，就应该给卵补充额外的水分，可以把水罐中加满水，同时将浸湿的布和棉絮围在卵托盘的四周。人们经常发现在环颈雉卵破壳期间，将孵化室的地板浸湿，让室内空气增加一些额外的水分，可以显著地提高出雏效果。

鸭类 生产商所推荐的鸭卵孵化条件比其他任何种类都多。一般来说，机器的运行温度比生产商所建议家鸡蛋的孵化温度低 1℃ 时孵化效果要好些。毛毡毯应该分别在孵化第 10 天和第 18 天时被移开。初期的孵化湿度和家鸡卵湿度相同，但到孵化中期高的湿度对于鸭卵是很必要的，接着，胚胎开始在卵内部破壳之前，应该有几天的干燥期，之后的破壳期，湿度应该升高到和环颈雉破壳期一样的湿度。

鹅、雁类 温度计测温位置应该与卵的顶端在同一水平位置，孵化机运行温度在 38.3℃（101℉），到孵化快要结束时，机器温度上升到 39.2℃（102.5℉）。与其他鸟类相比，鹅和雁类的卵更适合在流动性不强的空气环境中孵化，因此孵化机底部的毛毡毯的移动应该相对稍晚而不是提前，比如孵化其他鸟卵时毛毡毯在第 10 天和第 20 天的移动，应在鹅、雁类孵化的 30 天和 35 天。和鸭卵一样，到孵化中期额外的湿度是必不可少的，从孵化第 14 天开始，卵对每天的温水喷雾会有反应，出壳期机器中较高的湿度是必需的。

火鸡 温度计测量位置应是在托盘中卵的位置，孵化第一周温度计读数为 38℃（100.5℉）；孵化第二周读数为 38.6℃（101.5℉）；孵化第三周读数为 39.2℃（102.5℉）；孵化最后一周温度读数为 39.4℃（103℉）。孵化湿度和家鸡相同，卵每周应该检测一次，并根据结果对水罐进行相应的调整。与雉类的卵一样，火鸡卵比家鸡卵需要更多次的翻卵，应该每天至少要翻卵 3 次。

　　其他种类　由于缺乏对其他种类的卵相关的明确信息，在设置孵化温度时必须依靠一个有灵感的猜想。卵的大小是决定因素。例如，孔雀卵与火鸡卵的大小大致相同，所以孵化孔雀卵时使用与火鸡卵相同的设置方法。一些较小的卵，如小型水鸭和大多数观赏雉类的卵，会与环颈雉卵一样对待。而天鹅的卵与雁类卵的大小相似，孵化温度的调整需要按照大型卵孵化方法，也就是说，温度计测温的位置是卵的顶端而不是卵的中部偏下。

图 7.16　Brinsea 的系列孵化产品

图 7.17 人工孵化的红腹锦鸡雏鸟

图 7.18 人工孵化放归巴基斯坦马加拉山的彩雉幼鸟

第八章　自然孵化

亲鸟孵化

从已发现的化石推测，最早的鸟类生活在 1.4 亿年前，想必那时鸟类在产卵以后是自己孵卵的。现存的鸟类历经 1.4 亿年的进化，建立起它们的自然行为模式。

显然，孵卵的方法就是让亲鸟产卵后自己孵化。这也是野生环境中的鸟类所具有的自然行为，但遗憾的是，圈养的鸟生活在很小的区域，在不自然的人工环境中，它们会产生许多不良行为，这其中就包括筑巢和孵化行为。因此让亲鸟自己孵卵，有些亲鸟是能胜任孵化可以信任的，但有些亲鸟则完全是不可靠的。

家养鸟类经过人们长期的选择性繁育已经被改变了许多，这使它们不可能再具有很自然的行为。有的鸟一窝能产很多卵，产完卵后却从来不自己孵化。还有一些种类生活在很拥挤的环境中，甚至连筑巢的地方都没有，以至于随处产卵。

即使一只鸟已经筑巢，而且开始孵卵，这时如果有来自外部的压力，也足可以导致它弃巢，而这往往是发生在一个有希望的开始之后。干扰是主要的问题，不管干扰是来自其他的鸟、捕食者甚至是饲喂它的人，巢中的卵只要被晾凉一次，胚胎就会被杀死。

在野外，筑巢的材料通常是相对新鲜和洁净无菌的。在圈养环境里，筑巢地点经常会被粪便污染，筑巢材料也可能是腐烂的或带有霉菌或其他脏东西。

多数情况下，即使雌鸟成功地将一窝卵孵化出来，也会由于寒冷或饥饿而失去大多数雏鸟，尽管雌鸟也努力地为雏鸟寻找食物和安全的栖身之处，使它们能尽可能多地存活下来。雁类和天鹅往往是很成功的父母，鸭类往往能成功地孵化出雏鸭，但是以后会有许多雏鸭死去；而雉类在养育其后代方面有时也很困难，特别是那些已经在圈养条件下人工孵化繁殖了许多代的个体，它们经常很难成功地养育自己的后代。

除非圈养环境中，能确保雌鸟在一个安全和宁静的环境中孵卵，否则将卵捡出用其他方法孵化是较为明智的选择。

就巢性

雌鸟开始产卵时，体内的新陈代谢会经历很大的变化，所以当雌鸟产完一窝卵开始孵化时，体内开始发生更大的变化。这种变化是由脑垂体所分泌的催乳素引起的。这时雌鸟的基础代谢率下降，体温也会下降 $1℃$ 到 $2℃$，整个的行为模式会随着雌鸟的卧巢不动而发生变化。雌鸟会对这时出现的任何干扰者或捕食者异常敏感，产生攻击行为。雌鸟胸部的羽毛松动脱落，绒毛常常被拔下垫在巢的底部，胸部的皮肤暴露而形成孵卵斑，这使雌鸟能更有效地为卵提供热量，随着孵化进程的推进，雌鸟的这种就巢性会变得越来越明显。

一些雄鸟也会分担孵化的责任，这是由于雄鸟受到了体内分泌的催乳素的影响。

对自然巢的监测

多年来人们对野生鸟类孵化行为开展了许多研究，将传感器放在野外正在孵卵的鸟巢中，记录下亲鸟孵化时巢中微环境的变化情况。研究结果先是令人感到困惑，但之后由此引发大量新的发现，而使人们对孵化期间巢中的真实情况有了更深入的了解。

传感器记录的温度根据它们所在巢中的位置而变化。一般规律是，巢中央的卵比巢外围的卵更暖和。卵接触亲鸟皮肤的那部分的温度与鸟皮肤的温度相同，而卵与巢底部接触的部分，温度要相对低10℃（18℉）左右。在孵化期间巢底部地面的温度会逐渐上升。通过巢中的电子仿真卵的数据显示，孵化的鸟每隔20~35分钟就会将巢中的卵翻动，将位于巢外围较凉的卵滚到巢中部，将接触巢底部的较凉的卵表面滚动到顶部。

随着孵化进程的推进，监测图像呈现的事实令人困惑，卵自身能产生热量，到雏鸟出壳之前，卵的温度比人工孵化设定的最适孵化温度高几摄氏度；接触到卵表面的传感器显示的温度要比没接触到卵的传感器显示的温度更高。

从电子卵中心传出的温度读数可能不准确，因为获得的温度读数取决于电子卵内部填充材料的导热系数。例如，加热一根铜棒的一端，另一端握在手中，热会很快地传导到这一端，使它变得太烫而无法继续握住，而点燃相同长度大小的一根木棒，当木棒的一端尽情地燃烧时，手却能长时间地握住木棒的另一端。

一只孵卵的鸟控制巢温的行为完全出于本能。在孵化过程中，那些雌鸟感觉温度稍低的卵被滚动到巢的中央，较为温暖的卵被推到巢的外围。如果整个巢温较低，雌鸟就会卧得更贴近卵，如果太热，它就会卧得更松散让多余的热量散发出去。

一般来说，自然孵化的小型卵的中心温度保持在 37.5℃（99.5℉）左右，而大型卵的中心温度比小型卵要低 0.25 ~ 0.5℃（0.5~1℉）。

孵化过程中记录的湿度显示变化非常大，这取决于巢的位置、天气状况和亲鸟是否经常给卵增加水分。如雌鸭和雁，如果在孵卵过程中雌鸟离巢去水中取食，回巢时就会给巢中的卵带来一些水分。巢的平均相对湿度约为 60%。

大多数鸟类在孵卵时每隔 20 分钟到 35 分钟将巢中的卵翻转一次，但卵并不是被全部翻转，而是随机地在巢中移动，有些卵根本就不能算是被翻转了，而仅仅是被略微搅动一下。

雌鸟离巢的次数因孵化期的进程和天气状况而异。当雌鸟进入稳定的孵卵阶段以后，雌鸟离巢时间会很短，但接近孵化末期时，特别是天气很热的时候，雌鸟离巢时间会较长。由于巢中垫有许多绒毛，所以即使在雌鸟离巢取食期间，卵的温度也不会下降很多。雌鸟通常在每天的同一时间离巢，最常见是在下午的晚些时候。

用抱窝鸡孵卵

在大规模集约化养禽场出现之前，所有养鸡场的卵都是用母鸡进行孵化。由于需要孵化的卵的数量很大，使得孵卵这项工作不得不走向机械化。家鸡以产肉和产蛋为目的，在不同品系之间进行的杂交育种选育过程中，就巢性这一特性已经成为一种不需要的性状而趋于从品系中被淘汰。所以如今专门用于孵卵的母鸡在商业养鸡业中已经无处寻觅。

虽然现在用孵化机来孵卵变得越来越可靠，这使抱窝鸡的使用越来越少，但目前仍有一些观赏鸟的养殖场依然会使用抱窝鸡孵卵。

毫无疑问，一只管理得当的母鸡仍然是最好的孵化者，母鸡孵卵的另一个优势是在雏鸟出壳以后母鸡会是极好的养育者。但是，其主要的问题是：如何确保饲养的一群母鸡在需要的时候有足够多的个体具有就巢性并用于孵卵；母鸡还有传播家禽疾病的危险，此外，照料这些母鸡也需要许多投入。

抱窝鸡的种类

用于孵卵的抱窝母鸡品种很多，它们在体形和大小上各有不同。如经过专门选育体形高而瘦的斗鸡，也有体形相对小的乌骨鸡。抱窝鸡的体重从短脚鸡的 300 克到一只普通母鸡的 3200~3600 克。抱窝鸡的羽毛也可以各有不同，有些母鸡的羽毛像斗鸡的羽毛一样硬而紧密，有些羽毛像乌骨鸡的一样柔软而松弛，也有些母鸡的羽毛则介于这两者之间。抱窝鸡的身体外形是多种多样的。如斗鸡的母鸡胸部肌肉多而发达，腿部肌肉相对较少。这些种类的母鸡通常被称为"热母鸡"，因为它们胸部的肌肉面积更大，孵卵时能与更多的卵接触。肌肉集中在腿部的母鸡，由于胸部肌肉相对少，孵卵时孵化温度往往偏低，这些种类的母鸡被称为"凉母鸡"。像乌骨鸡一样，"凉母鸡"通常有松散的羽毛和毛茸茸的腿。

图 8.1　斗鸡的母鸡

图 8.2　乌骨鸡的母鸡

　　一般的规律是，卵越大，孵化时母鸡需要提供的热量就越多。所有潜鸭的卵需要用"热母鸡"来孵化，个头较大的卵如果用孵化温度偏低的"凉母鸡"孵化，效果不会很好。雁类的卵不需要用"热母鸡"来孵化，而需要一只较大体形的母鸡来孵化。

　　水鸟的卵通常比较小。这些小型卵，以及大部分的雉类和鹑类的卵，需要一只平均体形的母鸡来孵化。这些卵如果用一只大体形的"热母鸡"孵化，效果不会很好。

　　传统的用于孵化雉类卵的母鸡是斗鸡与乌骨鸡的杂交个体。这些杂交个体孵卵一向都很稳定而且万无一失。斗鸡母鸡通常都是很优秀的抱窝鸡，但天生具有野性，属于"热母鸡",随着年龄的增长,斗鸡母鸡孵卵会越来越有经验,在3岁以后能达到孵卵的最佳状态。乌骨鸡一向非常温顺,孵卵温度偏低,5个月大的母鸡就开始有就巢性,而且孵卵的行为表现非常出色。这两种鸡的杂交个体集中了其父母的优点,孵化温度适中,母鸡很早就能抱窝,可以信赖而且能够使用许多年。母鸡常常一年能孵化和养育2~3窝的卵和雏鸟,因此它是养鸟初学者或业余爱好者首选的种类。

许多品种的矮脚鸡和家鸡的母鸡都是出色的抱窝鸡。每一个成功的饲养者都有自己专门用于孵卵的母鸡种群,饲养者只从那些抱窝出色的母鸡中繁殖新的后代母鸡。虽然抱窝鸡从体形、大小和颜色方面各有不同,但其多数品种的外貌都有一些乌骨鸡和斗鸡的特征。

孵化箱

孵卵的母鸡必须要有安全和安静的环境,黑暗或柔和的光线可以增进母鸡孵卵的稳定性。和人类不同,母鸡不会对自己的家过分地挑剔,所以任何大小合适的旧箱子都可以当作它们的孵卵箱。如果孵化箱的空间过小,母鸡就会局促不安,它很可能会在转身时打破一些卵;太小的空间也会让它感到不舒适,它很可能会放弃孵卵。如果孵化箱太大,卵可能会从巢中滚出并冷却,它也可能会另筑一个巢,而抛弃原来巢中的大多数卵。标准的孵化箱的大小是 $90cm^2$ 见方,箱高 35.5cm。

孵化箱的出入口可以设在箱子的前部或者顶部。开口设在箱子顶部的缺点是,如果是一只笨拙的大母鸡,从箱顶跳入巢

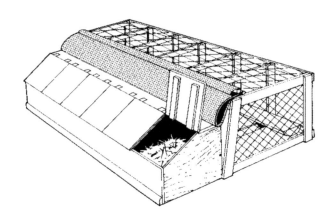

图 8.3　抱窝鸡的巢箱（孵卵区和运动区）

中时有可能会把卵打碎。但许多饲养者仍然喜欢用顶端开口的箱子，因为他们愿意把母鸡抱入孵化箱中。

图 8.3 是一组抱窝鸡的孵化箱，每个孵化箱分孵化区和活动区，两个区域连接在一起。母鸡每天在光线很暗的孵化区域孵卵，然后定时在活动区取食和排泄，但这样会有一个问题，母鸡的排泄物会很快弄脏活动区，因此增加卵受感染卵可能性。解决的方法是给孵卵箱加上四条腿，运动区的底部使用金属网，这样母鸡的排泄物就会通过网眼落到地面上，清扫时也不会打扰母鸡。

母鸡的孵化箱必须要通风，如果许多只母鸡同时孵卵，就可以用图 8.3 所示的孵化箱组。

孵化箱的放置

对于孵化箱的放置位置，诸如为什么孵化箱应放在棚屋里，或者放在室外、地面上，或者离开地面放置等，人们持许多不同观点。孵化箱放置的位置将决定巢内的湿度。

放置在户外 如果放置在露天，阳光的照射会使孵化箱变得非常热，而使母鸡感到不舒适；如果孵化箱漏雨有雨滴不断滴到母鸡背上，对母鸡孵卵也很不好。但是地面上的自然湿度能为巢中的卵提供必要的湿度。室外的孵化箱应该放置在阴凉处，如大树下，箱子从顶部往下应该是完全防水的。穴居的鼹鼠和老鼠可能对室外的孵化箱造成严重的破坏，所以最好在孵化箱安置处的地面以下埋上铁丝网，防止这种情况的发生。如果母鸡从孵化箱中被释放出来，进行日常饲喂和运动时，是完全自由而不受约束的，那么，对于一只抱窝尚不稳或有些野性的母鸡，很可能在巢中的卵凉透以后它才会勉强回箱。在这种情况下，可以用一根绳子拴住母鸡的一条腿，把绳子固定在位置合适的钉子上，这样它就不会走得太远，如果是几只母鸡同时在箱外活动，这还能防止它们互相打斗。同时，这种方法还可以用来检验母鸡的抱窝性是否稳定。如果这些母鸡是真正好的抱窝鸡，它们会很快适应这种方式，在腿被拴住第1天或第2天以后就不会再挣扎了。而那些抱窝不久，或天生有野性和脾气不好的母鸡，则不会适应这种方法，它们也不大可能会稳稳地趴下来好好孵卵。

放置在棚屋里 如果把孵化巢箱放置在棚屋里就完全不会受天气的影响，即使在下雨天，也可以将母鸡从箱中放出来在棚屋中活动，也不用担心它们会逃脱。在棚屋里把不愿意回巢的母鸡赶回巢箱也非常容易。但棚屋里没有自然的湿气，所以无论是为了方便而直接放在地板上的巢箱，还是出于卫生考虑而被架高了的巢箱，巢中都必须增加一些额外的湿度。什么时候给巢补水、如何补，都是一门艺术。如果补水量和补水时间不对，都会毁掉整个孵化。重要的是经常对卵气室进行监测。一些鸟类的卵，如鹊鸭（*Bucephala clangula*）在自然界中它们的巢是离地面搭建的，抱窝鸡孵这种卵时，巢箱应该离开地面，而且湿度应该很低。但如果孵化的是产在潮湿的沼泽地的鸟卵，巢内则需要相对较高的湿度。

筑　巢

传统抱窝鸡的巢通常是在孵化箱的底部放一块草根朝上的草皮，然后在上面铺上干草。巢的形状取决于孵卵母鸡的体形和大小。实际上，只要筑巢材料干净而新鲜，用什么材料都无关紧要。用混合的干沙、腐殖土、新鲜的干草或稻草都可以，巢底部必须垫上至少 7.6cm 高的垫料。不管我们为母鸡做的新巢有多好，它在使用时还是会进行重新整理，直到自己满意。如果孵化箱的边角密封得不紧密，或者是巢底部的垫材过少，高度不足 7.6cm，母鸡常常会把巢中的材料全部刨开，而且一直刨到见箱底。这种情况下，卵就很容易被损坏或打碎。

抱窝鸡的管理

抱窝母鸡的行为很特别，所以不难判断一只母鸡是否已经开始抱窝并能孵卵了。但当急需一只抱窝的母鸡时，得到它却总是不那么容易，通常的情况是它刚开始抱窝。任何一只在产蛋围栏中的母鸡如果白天进入孵卵箱中，很可能只是去产卵，但如果天黑以后仍在箱中，那么它很可能是已经开始抱窝孵卵了。我们可以用以下这种方法对它进行检验：将一只手手掌朝上，手指张开轻轻伸到抱窝母鸡的胸腹部，这时它全身的羽毛会竖起，同时发出特殊的叫声；而一只没有抱窝性的母鸡则不会有这种反应；如果母鸡大叫着从巢中飞走，那么最好还是不使用这种母鸡孵卵。

千万不能在白天将一只抱窝鸡从产卵围栏中转移到孵化箱中，如果这样做，多数母鸡会感到不安全，尤其是那些刚抱窝不久的母鸡。转移必须总是在较暗的环境中进行，而且搬运母鸡的过程要非常小心。

从母鸡开始抱窝的最初几天到它完全稳定下来之前，最好给母鸡孵化假蛋。

所有的抱窝鸡在被转移到孵化箱时，都应该进行一次常规的健康检查。那些眼睛不够明亮的个体，或者瘦弱、有腹泻或呼吸问题和疾病迹象的个体，都不应该使用；腿上的任何长毛都应该在贴近腿部的地方被剪掉，因为腿上的长毛很容易在母鸡出入巢时使卵发生意外。

腿部长有疥癣的母鸡必须使用合适的疥螨虫喷雾剂进行治疗，因为疥螨会使母鸡在孵卵时感到不适，而且会传染给雏鸟。所以这种病应该在母鸡抱窝之前就进行治疗。

巢箱和抱窝鸡都应该选择合适的驱虫粉进行充分的驱虫处理，应该特别注意巢箱通风口和母鸡翅膀下的部位，当母鸡全身羽毛竖起来时，沿着羽毛生长的反方向喷撒药粉，使药粉能到达母鸡的皮肤上。一只被昆虫叮咬的母鸡会表现得焦躁不安，是不能很好地孵卵的。

日常管理

每天应在同一时间将抱窝的母鸡放出来活动。它们是行为和习惯有规律的动物，如果有严格作息时间会更好。在离巢的这段时间里，应该看到每只母鸡取食、饮水，然后吃光食盘中的食物，大多数母鸡都会本能地知道什么时间该回巢了。在寒冷的天气里，如果是刚孵化不久的卵，母鸡离巢在 3 到 4 分钟就足够了，否则卵会被放得很凉；接近出壳时，在温暖的天气里，母鸡离巢在半个小时左右对卵都没有损害。

如果在一个棚屋中同时放出多只抱窝鸡，新来的母鸡往往会受欺负，这会影响它们发挥自己的孵化本能，而变得狂躁，不愿合作。最好的办法是先放出来的母鸡出来活动，然后再放出"老母鸡"，这样在"老母鸡"准备显示它的优势时，新来者已经准备回巢了。

管理抱窝鸡需要有一定的天赋。对有些人来说，这种天赋与生俱来；对有些人来说，是可以教会的；但对有些人来说，这种天赋是永远无法具备的。通常更多的女人比男人具有这种天赋。她们知道哪一群母鸡要一起放出窝活动，哪一群不能一起放出。在这方面男人往往不那么有灵性，当母鸡被放出来时，事情并不总是像他们想象的那样。

当母鸡被释放出来活动时，它们各自的箱门都应该被关上，这样可以确保每只母鸡有足够的时间活动，而且在它们回巢时也不会进错巢箱。到了该回巢的时候，大多数母鸡会等着回去，也可以把母鸡缓慢地赶回各自的巢箱。这一过程有耐心和动作温和很重要。可以想象，如果棚屋中满是又叫又飞的母鸡，一个人手持捕网、愤怒地追捕，这样是不会有好的孵化结果的。

在确定母鸡的翅膀下没有夹带着卵以后，必须动作轻轻地将母鸡从巢箱中抱出来。任何把巢弄得很脏的抱窝鸡，不是生病了，就是抱窝性正在消失，或者是前一天没有充分地休息。任何一只看上去不健康的抱窝鸡都应该被换掉，把卵让另一只母鸡孵化。

所有的母鸡都应有充足的时间安静地取食，它们的嗉囊应该被食物填满。颗粒饲料或是人工配合的食物往往会产生稀而不成形的粪便，所以最好喂给一些含有玉米粒的混合谷物，这些食物能量含量高，产生的粪便比较干而且成形。

母鸡必须每天有干净新鲜的饮水。如果有一盘干燥的沙土，它们会非常享受地进行沙浴。少量的除虫菊粉可以帮助它们除掉羽毛中的寄生虫。如果母鸡的食物完全是谷物，那么一定要提供一些粗砂来帮其消化。

孵卵期间应搞好卫生，所有粪便都应及时清理。如果孵化箱是离开地面的，用软水管冲洗地面不仅可以减少细菌在棚屋内的集聚，还可以增加湿度。孵化中的卵应该每周做一次检验，如果有必要的话，给巢中喷少量水，增加一些湿度。大多数鸭类卵在接近出壳时，一次温水喷雾，会对卵的孵化很有好处。所有在不接触地面的巢里孵化的卵，在雏鸟啄破第一块卵壳时，应该为卵增加一些湿度。

一旦孵化的卵开始破壳，就应该让母鸡单独在巢箱中，不要去打扰它，一直到雏鸟全部出壳。多数鸡舍中都会有这样的母鸡，它们在孵卵时表现非常出色，一旦雏鸟出壳，它就会杀死雏鸟。除非这只抱窝鸡是一只可靠的、值得信赖的"老母鸡"，否则应在卵快破壳时将大部分卵移到孵化机中出壳，然后再把雏鸟送回给母鸡，让母鸡在人的监管下养育雏鸟，这样做要安全得多。如果可能的话，可以让它先孵化 1 或 2 枚不珍贵的卵直到雏鸟出壳，作为试验。

湿度的控制在很大程度上取决于孵化箱所在的位置和天气情况。如果雌鸟孵化的卵是直接接触地面的，通常不需要向地上洒水，除非是在非常干燥、炎热的季节。如果孵化箱是放置在屋内，孵化的是水鸟卵，通常则需要更多的水分，特别是如果孵化箱也是离开地面放置的。

较大的卵在孵化时通常不能被母鸡充分地翻转，所以在每次抱窝鸡离巢活动时，最好能把巢中的卵翻转一下。

如果把不同种类、不同孵化阶段的卵给同一只母鸡孵化，从来都不会有好的孵化结果。最好的做法是将一起出壳的卵给一只母鸡孵化。

抱窝鸡和孵化机结合的孵化

毫无疑问，抱窝鸡的孵卵效果会比大多数孵化机好，而母鸡孵卵的优势也正体现在孵化期的头几天。但在需要抱窝鸡的关键时刻，通常都找不到足够的抱窝鸡。

许多饲养者在卵孵化的第一周用抱窝鸡孵化，然后将这些卵转移到孵化机中，同时给母鸡一些没有孵化过的新鲜卵，一周后再将这些卵移到孵化机中，同时再给母鸡第三批新卵孵化，当第一批卵在孵化机中开始啄壳时，被送回到抱窝鸡巢中，在那里出壳。

红外线灯用于人工育雏，这也改变了雏鸟的养育方式，已经很少有饲养者继续使用抱窝鸡养育雏鸟了。抱窝鸡一周接着一周地孵化新鲜的卵，在孵卵期它们会消耗很多的体力，所以一只母鸡抱窝的时间最好不超过4周。多数母鸡如果抱窝时间过长，最后也会选择放弃孵卵。

为不同物种的卵选择抱窝鸡

理论上，每一个不同物种的卵都可以有一种理想类型的抱窝鸡来孵化。但实际上这种选择经常只是局限于选择哪只母鸡来孵化。

要获得最好的孵化结果，母鸡的大小与所孵化的卵大小应该相匹配，但即使是用体形较大的母鸡孵化较小的雉类卵，效果也相当令人满意。这些体形大的母鸡能一次孵化24枚雉类的卵，而一只矮脚鸡却只能孵化十几枚这样的卵。体形大的母鸡能孵化4~5枚雁卵，但这些卵在孵化过程中却需要额外地增加翻卵次数。

潜鸭的卵必须用一只体形大的"热母鸡"来孵化。一只体重约2300克的母斗鸡胸部孵卵的皮肤能有手掌那么大，但一只矮脚鸡胸部却几乎都是胸骨和羽毛。这些潜鸭类如硬尾鸭

（*Oxyura*）、鹊鸭（*Bucephala Clangula*）、海番鸭（*Melanitta*），在卵的孵化方面已经有了很大的进步，为了使巢更加隐蔽它们不会在开阔的水面上筑巢孵化，它们卵中的卵黄比例大于蛋白的比例，卵相对于雌鸟的比例也很大。这些鸟的卵如果用"凉母鸡"孵化，雏鸟是不会孵化出壳的，大部分卵会在孵化的最后一周死去，但如果用一只"热母鸡"孵化，卵会孵化得很好，但在后半个孵化期需要给巢添加更多的水分。

抱窝鸡的选择也需要考虑雏鸟孵化出壳后，母鸡的养育方式。斗鸡的母鸡在养育雏鸟时，会用强有力的脚在地上刨，为雏鸟寻找食物，所以这类型的母鸡适合养育灵活好动型的雏鸟，如果让它养育天生不灵敏的帝雁（*Anser canagicus*）雏鸟，可能会在刨食时误伤甚至杀死它们。乌骨鸡很安静，适合养育帝雁的雏鸟。所有雉类的卵都适合使用乌骨鸡来孵化和养育。

据说有些种类母鸡孵卵时比其他种类卧得更紧密。事实上，母鸡卧巢孵卵时的紧密程度取决于周围环境的温度，但卧巢紧密的母鸡孵的卵需要人为增加翻卵次数。

在民间人们传说抱窝鸡的体温比非抱窝鸡高，然而科学能告诉我们正确答案。它们的体温是相同的，因为抱窝鸡胸部的羽毛脱落了，所以给人感觉体温更高。同样，一只"热母鸡"的体温并不比"凉母鸡"体温高，它们有相同的体温，这只是因为"热母鸡"胸部有更大面积的裸露皮肤与卵接触，与那些胸骨突出，有着毛茸茸的腿的"凉母鸡"相比，能把更多的热量传递给卵。

第九章　机器孵化

机器孵化的历史

使用孵化机孵卵对我们来说并不陌生。在现代的家禽生产中，通过集约化、大型孵化机孵化出成千上万只雏鸟，并不是一个新技术。在古代的埃及，人们建造了金字塔，也制造出孵化机。甚至在摩西时代之前，生产能力在 9 万只家禽的孵化场都是全面投入生产。甚至直到 20 世纪 50 年代，其中一些孵卵场仍在运作，埃及几乎 90% 的雏鸟都是在这里出生的。

这些孵化场的设计和结构既巧妙又简单。卵放在圆柱形砖混建筑结构内的地板上，卵上方 61~91 厘米高处是一个槽状平台，里面不间断地燃烧着骆驼粪。空气经过地面的一个开口被吸入，经过燃烧的火焰环的中心，然后从圆形顶部上的一个孔排出。

双排的这些孵化火炉朝向中央走廊，屋顶和走廊尽头的开口可以控制采光和通风。

卵的温度是通过把鸡蛋放在眼皮上测量的，然后通过添火和耙火来控制温度，通过两枚鸡蛋一起在一只手中滚动时发出的声音来判断湿度的需要和气室大小。

古代的记载显示，他们是按照传统的习俗孵化，每 3 枚卵可以孵化出 2 只雏鸡，整体孵化的收益在 70% 以上。

然而，卵的孵化并没有被古代埃及人所垄断，至少在公元前 1000 年，中国的同行发明了两种非常成功的孵化方法。

第一种最简单的方法是利用肥料腐烂的热量，将卵放在切碎的稻草和稻壳的混合物中，然后将它们堆在肥料堆的顶上。这种方法似乎取得了一定的成功。

第二种方法与古埃及的孵化场一样巧妙，应用范围更广，而且至今仍然发挥着作用。这种孵化方法使用的基础结构也是一个圆柱形建筑，但加热的火是在地板上，地板上方是一个放卵的倒锥体，椎体内填充一部分炭灰。卵是放在稻草编成的篮子中，然后放在炭灰上。孵化的卵先被装在细棉布袋子中，然后整个被一层保温的稻谷壳覆盖。屋顶的材料是稻草和茅草，形状像传统的斗笠草帽，既能保温又防雨。

每隔 7 天在每个篮子中加入一袋子新鲜的卵。每袋鸡蛋都要不断地移动，以便把鸡蛋翻过来。孵化季节前 3 周以后，火就被熄灭，用卵自身的产热使孵化过程继续进行。

那时他们也已经使用燃烧的蜡烛来验卵，不受精的卵在孵化的第三天被检验出来，像正常鸡蛋一样被出售。

希腊人也不甘落后，在公元前 400 年，亚里士多德曾经详细地描述过使用腐烂的肥料孵卵的方法。在一些现存的记载中记录着，在古罗马，出身高贵的女士，在乳房下孵卵用雏鸟的性别来预测后代的性别。

关于用人体热量孵卵的方法的许多描述在整个历史和世界各地都有记载。菲律宾岛人付钱让仆人躺在鸡蛋上用体温孵卵，他们在铺有草木灰的床上，摆放上成排的棍子，鸡蛋被放置在两排棍子之间的空间内，再用毯子将仆人和鸡蛋一起盖上。在鸵鸟羽毛的需求量非常大时，南非农民雇用当地女孩用体温来孵化鸵鸟卵。

机器孵化直到 1749 年才进入西方世界，当时 Réamur 在巴黎研发出第一个机械孵化箱，他使用乙醚胶囊作为恒温控制器。1770 年，坎皮恩（Campion）成功地研制出特殊供暖的房间，用锅炉的烟道给房间供暖。第一台成功的商业孵化机是 1881 年希尔逊（Hearson）制造的热水孵化机。1895 年，赛菲尔（Cypher）将可孵化 2 万只鸭蛋的孵化机投放市场。第一台全电动自动孵化机直到 1922 年才出现。

空气静止型石蜡孵化机

空气静止型石蜡孵化机是第一批投入商业化生产的孵化机器。在一名孵化行家手中，这种孵化机不论是在过去，还是现在都是效果极好的孵化机。在环颈雉养殖场这些机器仍被用作出雏机。这种孵化机的操作，与其说是一门科学，不如说是一种艺术。

"空气静止"这个词实在不是很恰当，因为空气完全不是静止的，而是在对流下运动的。实际上它们应该叫作对流型孵化机。最早的机型是通过燃烧石蜡来得到热量的。燃烧的火焰在孵化机的外侧，在一段短烟囱的底部。烟囱的顶部有两个出口，一个出口在顶端，带有一个气阀门，气阀门打开热空气沿烟道直接排到室内；另一个出口成直角通往孵化机内的顶部。当顶端出口气阀门打开时，所有的热空气释放到室内，而气阀门闭合时，所有的热气则都会顺另一个出口进入孵化机的顶部。气阀门与杠杆相连，阀门的升降开合通过与杠杆相连的乙醚胶囊的膨胀和收缩来控制。

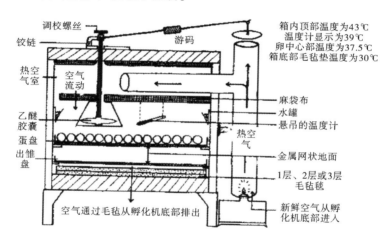

图 9.1　空气静止型石蜡孵化机

孵化机内的顶部与烟道入口连接的热气室是经过精心设计的，非常密封而保温，这使得热气室中整体的温度非常均衡，热空气穿过气室中一个麻布层隔断下降到卵的搁置区域。

卵孵化区中的温度并不相同，顶部比底部温度高 5.5～11℃（10～20℉），这个区域中只有一个高度才有适合卵孵化的温度；高于这层的温度较高，而低于这层的温度会较低。卵盘和温度计必须放在这个适合的高度上。

温度控制

首先选择卵上方的一个恰当的位置放置温度计。通过调节燃烧的火焰，使燃烧提供的热空气量只比气阀门完全关闭时所需的稍微多一点。连接气阀门的杠杆臂上有一游码，调节调校螺丝使气阀门位于离烟道口 0.6 厘米的高度。通过调节游码在杠杆上的左右位置对气阀门的高度进行调节。如果游码离调校螺丝这边太近，阀门高度升高，更多的热空气将被排出；如果游码离阀门这边太近，作用在乙醚胶囊的压力会使它的运动变得缓慢而不敏感。

孵化机只有在各部件调节到完全标准的情况下，工作效果才能令人满意，并且孵化室昼夜的温度需要保持在恒定的15.5℃（60℉）左右。

不断对机器的控制装置进行调整是很有必要的，因为燃烧的灯芯每天需要修剪，乙醚胶囊对气压和温度的变化也会有反应，最大 2.7℃（5℉）的温度变化也可能是由于天气变化引起的，尽管连接气阀门臂重量的改变能使这种变化最小化。

另一个引起温度变化的原因是连接乙醚胶囊与外面的杠杆的金属棒。如果在金属棒两端的连接口处发生松动，就会引起金属棒位置的移动，它在穿过路径上不同的孔洞时，摩擦力发生改变，而使它联动动作受阻。

机器内部的温度也受地板上的毛毡毯的影响，毡毯层会阻碍热空气从卵孵化区底部流出。气流的增加会降低地板和卵托盘的温度。多数孵化机底部都有3层毛毡毯，如果孵化机是放置在温度较低的屋里，毡毯会更多，大约每隔一周就会移走一层毡毯，这就散发了卵发育过程中产生的热量，同时也为卵提供必要的通风。

湿度的控制

与温度控制一样，湿度控制也是一门艺术。虽然孵化机中有水盘，但很有必要让孵化室内保持较高的湿度，可以经常洒水或清洗孵化室内地面，或者在通风窗下放些盛有湿润泥炭的容器。后来的机型有更复杂的加湿方法，是将水滴注入烟道。经常用温水喷洒卵的表面通常也是很必要的。

翻卵

这种孵化机通常是手工翻卵。

电动式空气静止型孵化机

用电子元件代替油燃烧的火焰很简单，许多最初的石蜡型孵化机在被转换后仍然能很好地进行孵化。但转换成使用电能却会略微改变机器的特性，因此许多这样的转换似乎并不成功。

油燃烧后产生二氧化碳和水蒸气，它们会进入孵化机内部，用电子元件加热空气不仅不会产生二氧化碳，而且会降低被加热空气的相对湿度。所以使用电子元件加热的孵化机，必须通过降低通风量增加机器中二氧化碳的含量，而且必须大幅度提高室内和孵化机内部的湿度。

微型开关的出现使加热器进入孵化机成为可能，通过微型开关可以对孵化机温度进行调节。

恒温控制器

恒温控制器是孵化机中最重要的部件。孵化过程中湿度、通风和翻卵都可以由操作者按常规完成，但人却并不可能总是看守在机器旁每隔几分钟打开或关闭加热器，所以一个灵敏可靠的温度控制器是必不可少的。

许多小型孵化机的温度控制仍然依赖于乙醚胶囊，尽管大型机器制造商早已抛弃了这种方法，因为它在控温时受很多因素影响，因而很容易出现故障，导致无法正常可靠地运行。

乙醚胶囊

实际上，乙醚胶囊就是将少量的液体乙醚封闭在一个金属包膜中。这通常是由两小片柔性金属，边缘焊接在一起，当温度升高时乙醚膨胀，以足够的力使金属薄片之间的空间增大，从而操纵机械装置。乙醚在室温下为液体，但孵化温度下变为气体。如果在金属胶囊中没有一定的压力，这种乙醚气体就会随着大气压力的变化膨胀或收缩，从而需要经常对控件做重新调整，但太大的压力会使它不灵敏。直接连接微型开关的单独一个乙醚胶囊通常用于小型廉价的机器，但不够灵敏，要增加灵敏度可以通过两个或三个胶囊连接在一起，或通过胶囊操纵杠杆使用。

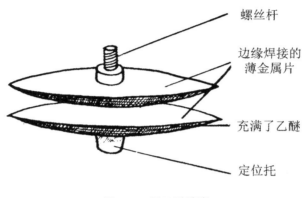

螺丝杆

边缘焊接的
薄金属片

充满了乙醚

定位托

图 9.2　双乙醚胶囊

水银开关

一些机器使用胶囊来控制水银开关。这是一段很短的密封的真空玻璃管，里面有一颗水银珠。接触导线被密封在玻璃管中，所以不能接触。扳动开关，汞珠滚入玻璃管中，使其接触到两根接触导线，从而接通电路。为了保持敏感性，这些开关只能承受有限的电流，所以它们只能用于相对较小的加热器。

水银触点温度计

液体在受热时膨胀是所有水银温度计的工作原理。水银温度计的大部分水银被保存在玻璃球中，膨胀是发生在细毛细管

图 9.3　A. B. Multilife 600 型全自动通用大型孵化机

部分。温度的细微变化引起细毛细管中的水银膨胀或收缩。

　　如果把两根细导线插入毛细管中，其中一根导线与水银永久接触，另一根与汞柱在预定温度下达到的水平线接触，当外界达到预定温度时，这些导线接触即形成一个完整的电路。

　　因为只有高于预定温度时，电路才能接通，而触点温度计只能承受小的低压电流，所以它不能作为开关直接地将电流转换到加热器上。但它可以激活一个继电器来关闭加热器。当温度低于预定温度时，水银离开接触线断开继电器电路，使加热器重新启动。这个电路由变压器、接触式温度计和继电器开关组成，广泛用于大型商业孵化机。

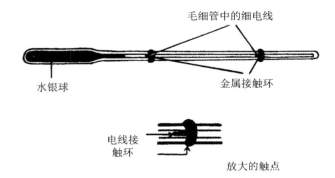

图 9.4　水银触点式温度计

每一台电器或机械设备都会有一个故障率，即使这些故障并不经常发生。从电路图中可以看出，电路中的任何不良连接或故障都会使加热器处于工作状态。

在孵化机暖湿的空气中，温度计的金属触点的腐蚀是导致温度计过热的常见原因之一。

主继电器触点的持续工作会使其受到磨损，从而使到加热器的电流在触点上产生电弧。这种电弧就像一台电焊机，把磨损点熔合在一起，这是孵化机过热的另一个较常见的原因。大多数利用触点式温度计原理的孵化机通常也安装一个过热报警器、一个安全乙醚胶囊和微动开关。许多机器都装有火花抑制器。

固态电子温度传感和开关

任何金属与金属的碰撞，如开关，内部会产生很高的故障

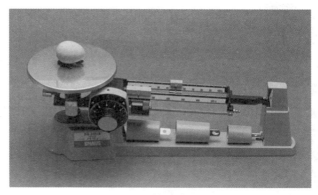

三梁天平

数字天平

图 9.5　称量卵重的天平

率。而固态电子元件的故障率却很低，所以大多数大型商业孵化机现在都安装固态开关。固态开关的大小、形状和容量多种多样，但都能以每秒 50 次（即电源频率）的速度开关，而不会造成任何损害。

　　无论是使用卵的密度损失技术还是更常用的重量损失技

术，都需要在特定的湿度下开始孵化。

　　如果你从去年就保持良好的孵化记录，那么你就不会有问题了。如果你对每枚卵都做记录，你就会知道是否有哪对鸟会产出奇怪的卵，它们孵化时需要特殊的湿度。

　　如果在孵化开始你不确定使用多大的湿度，那么建议你从相对湿度 55% 开始，如果你用的孵化温度是 37.5℃（99.5℉），这个数值的湿球温度计读数应该是 28.8℃（84℉）。

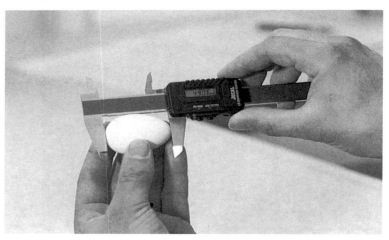

图 9.6　测量卵的密度

　　如果你孵化的是大量的雉类或鹑类的卵，到卵内雏鸟的喙开始进入气室时，进而需要将机内湿度增加到最大湿度之前，孵化机内维持这个湿度就会有很好的孵化效果。

　　将华氏度转换成摄氏度，参见附录Ⅰ。

　　以下是孵化一些特定物种卵时使用的湿度，但请记住，表中提供的是平均值，实际孵化时个别的卵可能会有很大差异。

查对相对湿度参见附录 I 。

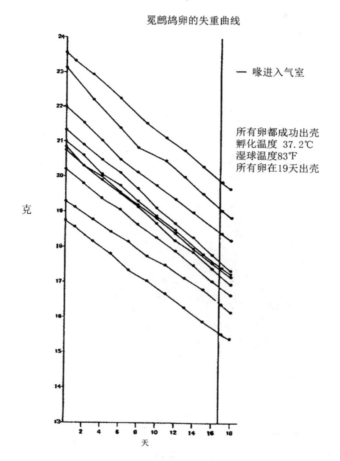

图 9.7 　冕鹬鸵的卵孵化失重曲线

图中显示的是 10 枚冕鹬鸵卵在孵化期内的卵失重曲线

Species 物种	Wet Bulb 湿球华氏度	Rel. Hum. 相对湿度	Species 物种	Wet Bulb 湿球华氏度	Rel. Hum. 相对湿度
雉类	84°F	55%	琵鹭	70°F	24%
鹑类	84°F	55%	珠鸡	84°F	55%
鹦鹉	80~84°F	45%~55%	鹤类	84°F	55%
水鸟	84°F	55%	佛法僧类	78°F	42%
企鹅	75°F	34%	笑翠鸟	80°F	45%
非洲鸵鸟	70°F	24%	蛎鹬类	80°F	45%
美洲鸵鸟	80°F	45%	蕉鹃	84°F	55%

图 9.8 A. B. Newlife75 Mk6 滚轴可变型全自动孵化机

鸵鸟

卵编号	卵失重	卵壳厚度	孵化温度	湿度
286	17.3%	2.01mm	36.2℃	关闭加湿器
246	19.6%	1.80mm	36.2℃	关闭加湿器
236	17%	1.82mm	36.2℃	关闭加湿器

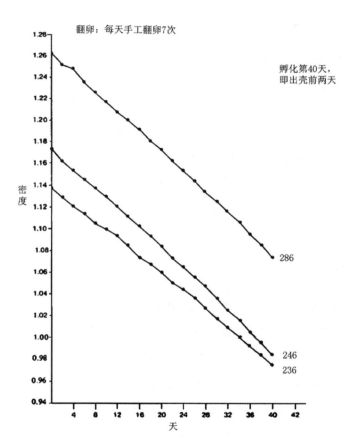

翻卵：每天手工翻卵7次

孵化第40天，
即出壳前两天

图 9.9　3枚非洲鸵鸟卵孵化期间的密度损失曲线

加热元件

所有的加热元件都由一段电阻丝组成，当电流通过电阻丝时，电阻丝会放出热量。有些加热元件是裸露着的，有些由外面的硅酸盐管保护着，有些则被封闭在一个填满惰性绝缘粉末的接地的金属护套中。热量的输出是以瓦特为单位计量的。

加热器的大小和位置是所有孵化机设计的关键因素。空气静止型孵化机内有多个低功率加热器，分布在机器内的不同部位，提供均匀的热量，而用风扇辅助的孵化机则是依靠空气的运动，将来自一个小但很强大的加热器的热量分散到孵化机内。

滞后性

孵化机温度控制的灵敏度不仅取决于恒温控制器的固有灵敏度，还取决于其他因素的综合作用。如传感器作出响应所需要的时间，加上传感器与加热器之间的距离，热量到达传感器所需的时间和加热器的输出相对于孵化机的大小。

任何一台孵化机，在需要热量的恒温控制器和提供热量的加热器之间都不可避免地存在时间的延迟。同样，当加热器被关闭时，它们也会需要一定的时间来冷却，从而造成温度超过设定值。

一些有着较大的乙醚胶囊和相对较大的加热器的小型空气

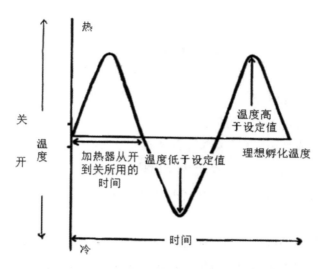

图 9. 10　加热器对恒温控制器响应延迟对孵化箱温度的影响

静止型机型中，在加热器被开启和关闭之间，会产生大约 5.5℃（10℉）的温度波动，尤其是在孵化机门刚被打开过以后。这对于孵化中的卵是不利的。

如果恒温控制器离加热器越近，加热器对温度变化的响应就越快，这使加热器周围的温度能得到极好的控制，但如果卵的放置位置离它们有一段距离，并且机器不是百分之百保温，那么卵的温度会明显地随室温的变化而波动。这时如果恒温控制器是在卵中间，那么热延迟会使机器内部温度过高和过低。

电动孵化机的湿度控制

卵孵化时需要一定的湿度，所以孵化机中需要添加正确的水量，有许多方法可以做到这点。改变水罐的大小，因此会改变水蒸发的表面积，湿度也随之改变。每隔一段时间将相同的水盘注满水，然后等水变干，也能达到相同的结果。

底部倾斜的水盘在加满水时会有最大的表面积，水的蒸发面积可以通过水盘内的水位来调节。水盘中的水位可以用一个有进气口的倒置的瓶子保持不变。只有当水盘中的水位下降到让空气能进入瓶中的时候，水才会从进气口中流出。一旦水盘中达到了预期的水位，就会停止补水。

虽然通过水的暴露面积的大小来控制孵化湿度是简单而便宜的方法，但是这种方法却没有将占主导的大气湿度考虑进去，大气的湿度能对孵化机内相对湿度产生深远的影响。因此持续监测天气和卵的情况以及水罐大小对取得良好孵化效果至关重要。这也是为什么许多繁殖季节的好与坏都可以直接归因于空气的自然湿度，尽管水容器中水位能维持正常。机器中正确的相对湿度的保持，只有在准确地测量，然后根据测量适当地添加水以后才能达到。

我们现在知道有些物种的卵在人工孵化时需要非常干燥的环境，因此孵化机内不需要湿度；有时会需要除湿机来降低孵化室内的环境湿度。

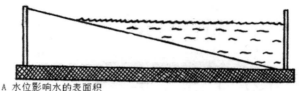

A 水位影响水的表面积

B 水位保持装置

图 9.11　电动孵化机的温度控制

A 使用底部倾斜的水盘控制湿度

B 使用倒置瓶子保持水盘中水位恒定

相对湿度的测量

虽然毛发湿度计和颜色变化湿度计会显示孵化机中的湿度是否太高或太低，但它们的结果还不够精确，只能提供一般性湿度条件指示，而且它们对湿度变化的反应时间大约为半小时，因此它们不能用于控制机器内水的输入。

随着新技术的发展，已经可以购买一个湿度控制器，来改变老式孵化机和其中简单的湿度控制。A. B. 孵化机的湿度控制器基于这个成功的全自动电子设备，符合所有孵化机的标准。湿度控制器被单独放置在一个盒子中，可以被安装在大多

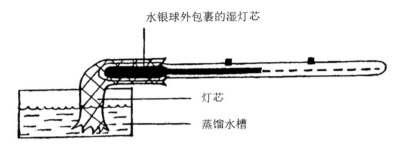

水银球外包裹的湿灯芯

灯芯

蒸馏水槽

图 9.12 湿球法控制湿度

数有湿球设施的孵化机上。（最新型号的孵化机不再使用湿球温度系统；一个固态湿度传感器和相应的开关，控制水流进孵化机内，达到预定的湿度。）

这个独特的装置，使用了最新的固态组件，已经被开发用于现有所有类型的孵化机中，机器的孵化量最多能达到1200枚卵。

新一代的电子传感器很有应用前景，它的价格比过去的老式传感器便宜，目前已被普遍使用。

一种既实用、廉价又可靠的控制湿度方法，是在一个水银温度计上或一个电子传感珠上使用湿球温度原理，如图9.12所示。

水可以以细喷雾的方式进入孵化机气流中，或以水滴的方式缓慢地滴入孵化机内的蒸发区，为孵化机提供湿度，水的流量是用一个电磁阀控制的。

电磁阀的工作原理与加热器继电器完全相同，除了铁芯是被密封在一个不透水的黄铜管中，当线圈通电时，铁芯被磁化，在它底端有一个橡胶塞，能阻止或允许水流通过管子，因而对控制作出响应。

翻卵的机理

手工翻卵

手工翻卵是最古老而简单的翻卵方法。在每枚卵的一个侧面标上 X，另一侧面标上 O，这样每次转卵后就能确保所有的卵都被翻转了。如果孵化的卵很多，每枚卵每天需要手工翻动几次就会成为一件很乏味的苦差事。有时卵即使一天不被翻动，都会对孵化后期造成可怕的影响。

手工操作翻卵

有一些巧妙的方法能一次将多枚卵同时翻动，图 9.13 中显示了两种翻卵的方法。

1. 卵被侧面放置在金属网托盘上，成排放置。一个可移动金属杆框架，配有一个简单的推拉装置，每次操作装置时，都能将卵同时滚动。每个托盘，连同它的金属杆，只能放置大小相同的卵。

2. 卵侧面放置在木架上的滚轴上，推或拉整个滚轴托盘就可以将卵旋转。每个滚轴托盘都是为特定大小的卵设计的。

如果卵是垂直放置的，将卵向垂直方向倾斜 45°，就能有效地将一个表面置于顶部，返回到垂直位置，然后向相反方向倾斜 45°，这样就能有效地翻卵。如图 9.14 所示。

如果将卵锐端向下放置，将卵都包在一起，卵受到的震动

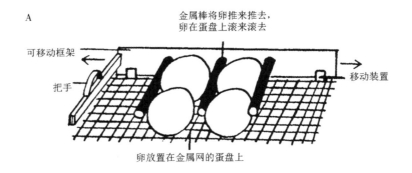

A

可移动框架

把手

金属棒将卵推来推去，卵在蛋盘上滚来滚去

移动装置

卵放置在金属网的蛋盘上

B

图 9.13 翻卵的机理

A 手动翻卵

B 卵放在滚轴上，通过推拉整个滚动卵盘使卵旋转

会更小，将整个卵托盘旋转 45°，也可以达到同样的效果。如图 9.15 所示。

自动翻卵

观察显示亲鸟孵化时每隔 35 分钟将卵翻动一次。在大型孵化场中，人们发现每小时将卵翻转一次能达到最佳的孵化效

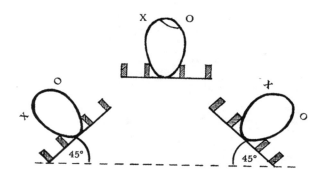

图 9.14 垂直放置式翻卵示意图

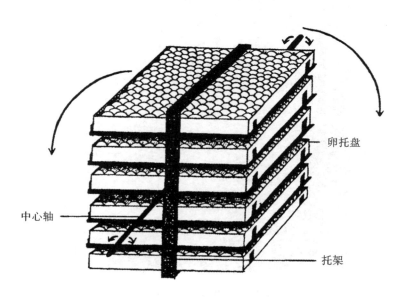

图 9.15 自动翻转的卵托盘

果，但显然用手工操作是不可能的，所以大型自动翻卵孵化机
中都采用倾斜托盘的翻卵原理。

在最多能容纳 1000 枚卵的孵卵机中，整个卵盘滑入一个

图 9.16　鹑类卵的存放推车

刚性的托架，整个托架在一个中心轴上前后旋转。旋转通过一台经过减速调整的电机实现，电机连接到中心主轴，中心轴通过凸轮轴、皮带和皮带轮与卵盘连接。时间定时器控制卵盘旋

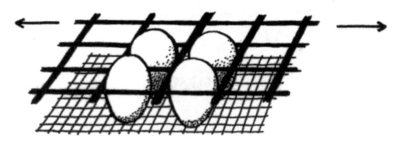

图 9.17　其他的手动翻卵方法

卵锐头向下放置，底部网格可以前后移动

图 9.18　A. B. Newlife 75 Mk 6 孵化机中不同直径的翻卵滚轴

转的启动时间，当卵盘转到所需的倾斜角度时，限位开关就关闭电动机。

在容纳数千枚卵的孵化机中，成排的卵托盘是成对摆放的，并且卵盘托架不是刚性的而是铰链式的。中央杆的上下运动使卵托盘倾斜。

控制采用一个类似的时间定时器和限制开关。中心杆的移动通常由齿条和小齿轮带动，整个托盘组连接到一个大齿轮电动机和一个公共轴上。

通风设备

卵上方的气流是孵化机设计中的关键因素。在空气静止型孵化机中，空气运动是通过对流实现的。一些小型桌式孵化机中，增加的风扇使热量能均匀地分布。

在柜式孵卵机中，如果同时孵化大批卵，那么风扇是必不可少的，因为机器内部要容纳多排的卵，所以整个孵化箱内需要保持相同温度。空气的流动是通过风扇或扇叶转动来实现，翻卵可以是自动的或机械操作的。

图 9.19　Marcon Gamestock RS 20000 型全自动环颈雉卵孵化机

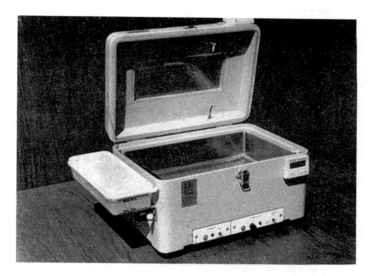

图 9.20　A. B. Startlife 25 型爬行动物卵孵化机

　　现在，每周数十万枚卵的大规模孵化，有了步入式孵化机。整个孵化房间都保持在孵化环境中。沉重的塑料窗帘挂在成排的卵盘旁边，引导空气从天花板上的通道流出。在空气到达卵之前，预处理室会将空气变得温暖而湿润。一部分空气再循环，一部分空气会从排气口排出。

211

第十章　孵化技术

孵化室

孵化室的环境与孵化机内部的环境一样重要。保温良好的砖结构房屋比一个四面透风的小木屋更容易维持一个稳定的孵化环境。这里给读者的建议是，作为孵化室的房间在任何时候都需要能保持稳定的温度。

温　度

孵化室的室温需要保持在 15.5~21.1℃（60~70℉）的温度范围内。白天和夜晚的温度变化可以用一个高低温度计记录，如果温度波动超过 5.5℃（10℉），表明应该增加孵化室的保温效果，或者在室内增加一个恒温控制加热器。如果室温超过 21.1℃（70℉），安装一个排风扇会有助于室内散热。潮湿的地面除了增加室内湿度外还会使室温迅速降低，每天对最高和最低温度进行记录应该是孵化室的日常工作。

湿 度

孵化室的湿度也应该尽可能地保持相对恒定。在一些有自动控湿装置的孵化机中，湿度由湿球传感器自动控制，孵化室内环境湿度的任何变化，传感器在识别后能自动将湿度变化在孵化机内部进行修正。而那些没有自动控湿装置的孵化机，孵化机中的湿度通常反映了环境湿度，虽然在孵化机中有一定蒸发的水量，但蒸发量通常不是合适的需要量。

通常在潮湿的山谷底部的地区，空气中的自然湿度比山顶地区要高得多。在早春季节空气湿度可能和仲夏季节大不相同。用一个简单的湿度计就可以测量出孵化室的相对湿度，可以为孵化机中所添加的水量提供可靠的依据。

通 风

通风是必不可少的，特别是正在孵化大量卵的时候。孵化机从外部，也就是孵化室内吸收新鲜的空气，将机器内陈旧的空气排出。如果孵化室闷热，不通风，则会影响卵的孵化。

太阳光绝对不能直射在孵化机上，因为这样的话孵化机在短时间内就会过热。可能的话，窗户和通风管道最好能安装在孵化室的北侧。

卫生清洁

污垢通常带有病菌。孵化室应该像婴儿室一样保持清洁卫生。进入孵化机的一个病菌在一夜之间可以增殖到百万，这些

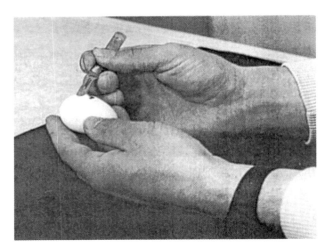

图 10.1　卵清洗前进行除污

病菌可以通过带污垢的卵、水桶、手或操作者的衣服进入。老鼠、小型鼠类、蟑螂等都是疾病和病菌的传播者，都应该从孵化室中清除。

　　孵化室有时常被用来存放死鸟和病鸟，以及其他各种令人讨厌的东西，这不是一个好习惯。孵化室应该只进行孵化，而不应兼有其他功能。如果只需要使用一台小型孵化机，那么把它放在家里的厨房里，要比放在花园的棚屋里更好，因为厨房的孵化环境和效果都会比棚屋好。

　　一台作者制造的孵化机，在 1976 年孵化季节，孵化效果非常令人满意。机器放置在一间没门的木质棚屋中，棚屋位于一棵大树的树荫下。那年的孵化期间，天气晴朗而炎热，但在下一年的孵化季节，天气非常冷而潮湿，孵化效果又变得非常糟糕。直到将这台机器移到了一座有茅草屋顶的砖混建筑中的

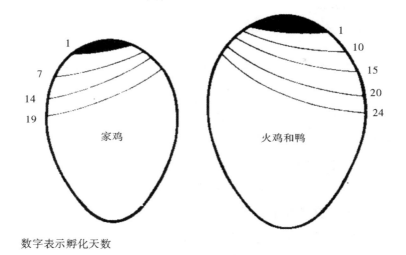

数字表示孵化天数

图 10.2　不同孵化期家鸡、火鸡和鸭卵气室大小的对比图

一间专用房间以后，孵化效果才得以改善。

　　这批机器中的两台在英国 Slimbridge 野禽繁育中心使用时，在孵化时发现机器内根本不需要加水，因为所有正在工作的出雏机和日常地面清洗所产生的湿气已经使孵化室内的湿度足够高了。

孵化前卵的护理

　　在卵入孵之前，保存是否得当决定了这些卵是否能孵化出雏。这也是卵是否能成功孵化的关键因素之一。许多在孵化晚期死亡的胚胎，其死亡原因都可以归咎于卵在孵化之前的管理不善。

卵的收集

家禽，雉类和鹌鹑的卵应该在产出后尽可能及时地收集起来，因为卵被捡出以后它们还会继续再产。但对于水鸟来说，有一个问题，就是过大的干扰可能会使它们停止产卵。如果它们的巢很安全，最好等雌鸟产完一窝卵以后再收集一整窝卵。如果每天收集卵，每次用一枚假蛋换一枚真蛋是一个好办法。

在卵保存时温度下降到保存温度的速度越快，越有利于保存。如果卵暴露在阳光下，卵会在升高的温度下开始缓慢发育，这在以后的孵化过程中，胚胎会受到削弱甚至导致死亡。暂时的温度降低，即使接近冰点，也不会对卵造成过度伤害，只要卵本身没有冻结和破裂，但长时间的冷冻对卵是有害的。

卵的清洁

来自干净的巢中的卵和来自不干净巢中的卵不应该放在一起，如果可能的话，最好分开存放。在许多大型商业孵化中，并不孵化那些不干净的卵，因为这些卵的孵化率很低，孵化时卵爆裂和臭鸡蛋会污染整个孵化机的风险。干净的卵可以直接储存，但在任何情况下都应该与其他卵分开进行处理。

卵上的污物应该用砂纸轻轻打磨掉，然后用清洁剂和消毒剂清洗。清洗时必须严格遵照生产商对时间、温度和浓度的使用说明。清洗过的卵放在金属网架上自然干燥后，就可以与其他相同的卵一起储存了。

孵化前的消毒

储存前是否对卵壳进行进一步消毒，这种做法是否可取尚存有争议，但所有的大型孵化场在这个阶段都会对卵壳做常规的蘸拭消毒。大多数的农场主只对不干净的环颈雉卵做清洗和消毒，但对所有鸭蛋都用清洗和消毒剂做常规的蘸拭或清洗处理。

卵的保存

所有的卵在入孵前的储存时间都不应超过1周，如果卵是在21℃（70℉）的温度下储存，这完全是给以后的孵化找麻烦。如果能找一个合适的屋子储存卵，这样的投入会在以后的孵化中得到好的回报。卵应该保存在12.7℃（55℉）、相对湿度70%的环境中。如果没有合适的卵保存设备，用一台老式冰箱下层的储存箱暂时存放卵，也比什么都没有更好。或者更明智的做法就是不考虑所孵的卵是否能同时出壳，在雌鸟产完卵后不进行储存，马上入孵。

卵的入孵

无论使用什么型号的孵化机，只要在正确的条件下设定得当，就应该是一个较为合理的孵化。卵应该在室温下慢慢预热，最好放置一夜，然后再入孵。必须严格按照孵化设备的使用说明，对孵化温度、湿度、通风量、毛毡毯的数量、绝缘材料等进行事先设定和准备。

　　在只有一个卵托盘的孵化机中，将大小不同和孵化阶段不同的卵混在一起孵化不是一个好方法，因为这些卵会互相影响。在有多个卵托盘的孵化机中，必须严格遵守有关卵入孵和卵盘移动的规则，这些规则规定了新入孵的卵应该放置在机器中的位置和卵托盘被移动的时间。在孵化繁忙的季节里，常常是机器里哪里有多余的空间，就把卵放在哪里，但最好是把入孵时间接近或同时入孵的卵放在一起。不同种类的卵，如雁类的卵与雉类的卵，如果放在同一卵盘中孵化，在只有一层托盘的小孵化机中，通常它们最终的孵化效果都不会很好。不仅因为不同种类的卵需要不同的温度、湿度和通风量，而且在孵化箱中聚集的卵往往会逐渐创造出一个适合自己的小环境，这会在大型卵的上方产生一个热点，从而影响机器的自动控温器，导致机器内部温度的波动。水禽的卵常常是著名的细菌携带者，这对于与其一起孵化的卵如雉类的卵可能是致命的。

　　在有些地方使用孵化机只是为了补充抱窝鸡的不足，这时，卵应该先让抱窝鸡孵化，因为在孵化的第一周，一只好的抱窝鸡孵卵的效果通常优于大多数的孵化机。卵被转移到孵化机之前应该进行验卵，然后用正常的方式将卵装在托盘放在机器中继续孵化，这个过程中不能让卵温变凉。

　　如果需要卵锐端向下包裹在卵托盘中，当托盘的一端被抬起时包装起来最方便。不同批次和种类的卵可以用聚苯乙烯的刚性隔断或木质的书隔断片分开。

图 10. 3　鹑类卵入孵 Marcon Gamestock RS 20000 型孵化机

孵化进程的监测

应保存孵化室每天最低和最高温度和湿度应当记录在日常记录表上，孵化机内部的温度也应该每天记录。放置在孵化机内任何一处的湿度计的读数都应该注意查看和记录，如果翻卵不是自动的，那么每次翻卵也应该记录。

如果这些记录都被准确地记录和保存下来，那么以前许多不成功的孵化，其原因都可以从记录中找到明确的解答，并可以采取预防措施来防止它再次发生。

验 卵

光线透过卵壳，穿过未经孵化的新鲜卵时，我们所见到的卵是透明的。当卵经过孵化，胚胎开始发育，胚胎在光线照射下呈现为较暗的物质。"Candling"（意为用烛光验卵）显然是很古老的词，但在很早的时候烛光是人类用于照明的唯一光源。可以想象，在没有电灯的时代，人们在一间黑暗的屋子里，将一枚发育中的卵放在烛光前，所见到的情景会多么令他们感到惊奇。

许多养鸟人，完全靠抱窝鸡孵卵，在验卵时，仅用从窗户透过的光线就能很准确地对卵进行检验。这个验卵的技巧很简单，一旦掌握了，在不用把卵移出巢穴的情况下就可以对自然孵化的卵进行检验。用左手托住卵，右手放在卵上方，对着光线，让光线通过手指缝隙，眼睛通过右手的指缝和卵壳查看卵的内部发育状况。尽管没有聚焦，但气室的大小、发育程度以及死亡的迹象都能很容易地观察到，特别是如果将卵对着太阳观察时。

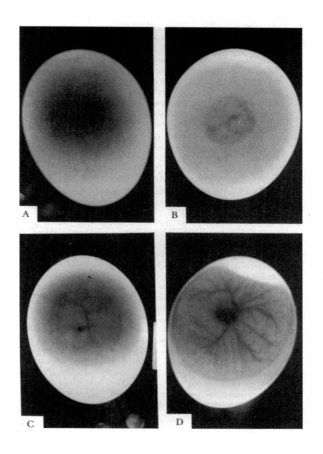

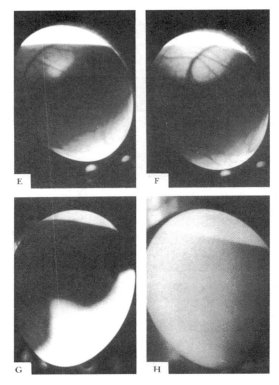

图 10.4 孵化过程中验卵时卵内部的影像

A 48 小时可见清晰的胚盘。

B 第 3 天发育中的卵黄囊血管。

C 第 5 天迅速生长的胚胎。

D 第 7 天胚胎在验卵时由于不断运动使它看起来显得比实际要大。

E 第 12 天延长的曝光时间使气室看起来很大，卵锐端的未吸收的卵白清晰可见。

F 第 16 天这枚卵中的剩余的蛋白囊几乎完全封闭。当大的尿囊静脉关闭时，气室会突然增大。

G 第 16 天这枚卵内的胚胎虽然活着，但不会孵化出壳。气室太小，膜发育不良，如卵锐端的边缘所示，而且没有小血管网络。

H 第 16 天以后可见透明的气室和完全黑暗的胚胎之间界限非常分明，已经看不见卵内残余的蛋白。

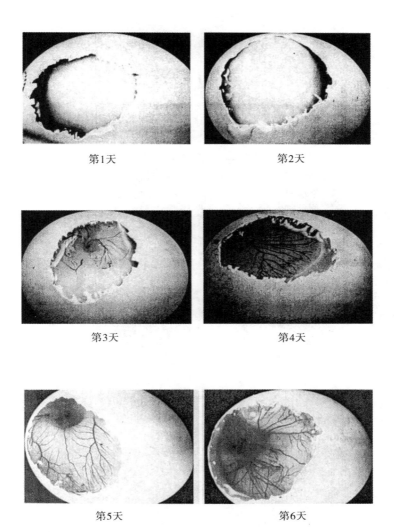

第1天   第2天

第3天   第4天

第5天   第6天

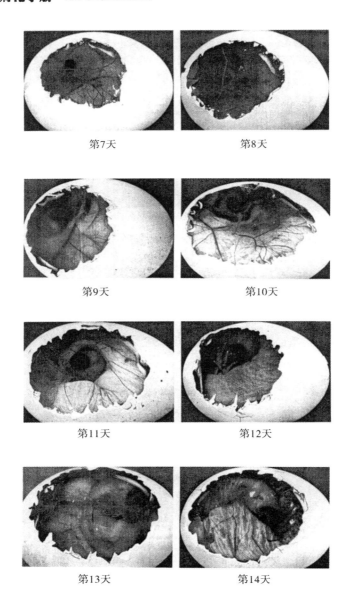

第7天

第8天

第9天

第10天

第11天

第12天

第13天

第14天

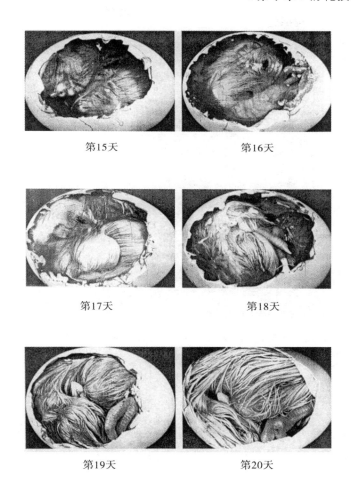

第15天　　　　　　　第16天

第17天　　　　　　　第18天

第19天　　　　　　　第20天

图 10.5　家鸡胚胎每天发育的放大影像

图片由 TAD PHARMAZEUTISCHES WERK GMBH Poster
P. O. Box 720 . 2190 Cuxhaven. Germany 提供

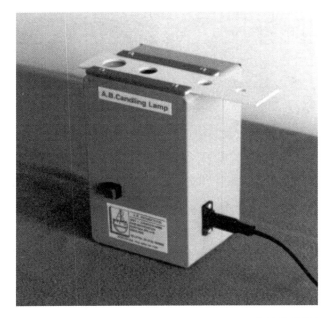

图 10.6 A. B. Tungsten Halogen Diachronic 卤钨丝验卵灯

验卵灯有多种多样，它们可以用大功率手电或普通灯泡制成。然而，上图所示的卤钨丝验蛋灯内有一种特殊的热反射器，它能将灯产生的热量分散到与光束相反的方向，卵在热量很低的不含有红外线的照射下，内部的精细结构可以呈现出来，而不会受过热的伤害。有不同大小孔洞的一个滑片，能控制光束的大小，用来检验不同大小的卵。

大多数种类的卵壳是白色或浅色的，这使得强大的光束能透过卵壳照到卵的内部，显示胚胎的发育状况。但有一些种类的卵壳很厚，颜色密集，使光线无法穿透卵壳。最新的发明是一盏红外线灯，能射出一束光线，穿过卵壳去探测卵内部的任

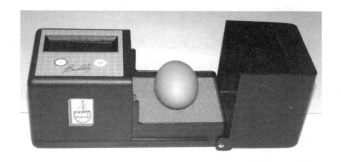

图 10.7　The Buddy infra-red 红外线验卵灯

何运动，无论是血管中血液的流动还是胚胎本身的运动，屏幕上读出的数字能显示胚胎在运动，因此可以知道胚胎还活着。

在卵孵化的第 5 天左右能探测出卵内的运动。如果使用电池供电，这种验卵灯可以携带到野外用于卵的检验。

商业照蛋器在照蛋孔的周围有一个橡胶圈。除了在验卵时起到不透光和密封的作用，还可以防止卵壳受到意外的损坏。

验卵灯的光线越强，卵的内部就看得越清楚，但大功率灯泡会发出太多的热量，不仅会损伤卵，还有可能使操作者的手指严重烧伤。一个 40 瓦的灯泡放置在离卵大约 0.64 厘米的地方，就可以得到充分视野。验卵器上设一个方便的开关及时将灯关闭，能防止验卵灯过热。

想在不把卵一个个从托盘里移出来的情况下验卵，可以在一个短把手上安装一个一面透光的封闭的灯泡，然后在卵上面移动进行照卵。透明（不受精）的卵和已死亡的卵用铅笔标记下来，然后移出孵化机。如果一次有上千枚卵需要检验，安装在桌子表面凹槽下的一盏条形灯，就可以同时检验一整排卵。紫外线是验卵最好的光线，但由于紫外线会对眼睛造成永久性的伤害，所以必须佩戴有强力紫外线滤光片的深色眼镜。紫外光在检验雉类和其他一些特殊卵时特别有用，这些卵的卵壳很厚，颜色很深，在照卵时会遮挡视线。（您需要咨询当地的健康和安全部门，是否允许您使用这种方法验卵。）一些更大的环颈雉养殖农场主把卵托盘放在一个托盘大小的灯组上，一次能检验一整盘的卵。

验卵的目的是剔除不受精、死亡或损坏的卵。验卵也是控制湿度的一个必不可少的组成部分，因为通过照卵可以查看气室的大小。所有的卵都应该每周例行检验一次。清除已经死亡的卵会大大增加孵化机中其他卵孵化成功的机会。

气室的大小是评估孵化期间卵发育进展的主要标准之一。许多种类的鸟卵都有厚壳，这些卵壳在验卵时可见呈颗粒状，通常还有很深的色素沉积。在没有强光照射的情况下，气室的大小就只能在孵化早期清楚地看到，但当经过一半的孵化期以后，透明的不受精卵和出现阴影区的受精卵就可以被区别出来了。

如果卵的气室很大，应该提高湿度水平，无论是孵化室还是孵化机中的湿度都应该升高。如果气室过小，则说明应该降低湿度，无论是通过增加孵化机的通风量，还是减少机器内部水的蒸发面积。使用小型台式孵化机时，增加水禽卵孵化湿度的唯一可行而有效的方法是每天用温水向卵的表面喷洒水雾。在孵化雉类的卵时，早期孵化湿度过大是引起孵化失败的一个常见原因，而每周对卵气室大小进行监测会对此予以纠正。

每周一次的验卵，除了能让我们掌握丰富的信息外，还有

228

一些其他的好处。例如，作者曾经在孵化的几十只绿头鸭卵中，发现其中有几枚卵的气室发育进程要明显晚于其他卵的一般进程，到第三次验卵时，大多数绿头鸭的卵都明显地要出壳了，而这几枚卵看来还远不到出壳时间，于是它们和绿头鸭卵分开继续孵化，在第三十天，孵化出了一群美丽的鹊鸭（European Goldeneye，*Bucephala clangula*）。如果没有孵化进程的监测，那么所有在 28 天没有出壳的卵，都会被当作死亡的绿头鸭卵扔掉。

湿度的控制

判断气室的大小是一门艺术。许多有经验的雉类饲养者使用古代埃及人完善的方法能对湿度的需求和卵孵化的进程作出准确的评估。当卵是新鲜没有孵化过时，两枚卵在一只手中来回滚动时，手的感觉和发出的声音与即将孵化出壳的卵是完全不同的。孵化良好的卵重量要更轻，当它们在一起互相碰撞时，会发出更空洞的声音。另一个老技巧是将卵放在一桶温水中，新鲜的卵会沉下去，而带有气室的卵会浮起来。胚胎在卵内的运动会使卵在水面来回摆动，如果卵不动则被认为是胚胎死亡的征兆。

相对于对湿度需要的估算，实际测量卵所需湿度的最准确方法是定期称卵的重量，然后画出一个简单的卵失重图。孵化出壳的一枚卵，在整个孵化期间要减少大约 15% 的初始重量。卵壳的孔隙度、孵化期的长度和孵化时所需的相对湿度之间存在着精确的数学关系。如果外壳的孔隙度已知，那么计算出孵化卵所需的湿度以及预测给定湿度下卵的失重就相当简单了。

但不幸的是，即使是对于家鸡这样标准化的鸟类来说，在产卵季节开始卵壳孔隙度也要低于产卵季节结束时卵的孔隙度，因此尽管理论上可以预测任何种类卵所需要的湿度，但在实际中，仍然有必要测量出湿度对卵的影响，来验证预测是否正确。

实际上，最佳卵失重曲线可以看作一条直线；对所有种类的卵而言，孵化到中间阶段时卵的失重应该为 6%，到雏鸟开始用喙上的卵齿刺破卵胎膜，喙进入气室时即卵齿顶破气室膜时，卵失重应该接近 12%。

虽然对大多数种类而方，能成功孵化的卵失重值接近 15%，但的确有一些种类在不同的卵失重下仍能成功地孵化出壳；例如，中国四川宝兴蜂桶寨保护区绿尾虹雉繁殖研究中心对绿尾虹雉卵的孵化研究中显示，卵成功孵化的平均卵失重是 14%，在未来，人们对重多物种的相关研究中，可能会提供更多的不同于 15% 卵失重的信息。

大多数重量秤的精确度不能精确地称量出一枚雉类或一枚鹌鹑卵的 6% 的重量，但它们的精确度足够测出 10 枚或 100 枚卵的 6% 的重量，所以用这样的秤称量一批卵然后计算出卵平均重量可能更好。称量整窝卵，或一个较大数量的样本，然后计算平均值，会抵消其中不受精和死亡的卵的最初重量。对于小型卵，要求精确地测量出卵重，可以使用精确度达到 0.001 克的秤来称量，但精确度高的秤通常比较昂贵。

虽然听起来很麻烦，但实际上不是，有一支铅笔、坐标纸和一套合理精确的厨房秤就是所需要的全部设备，如果测量都以克为单位，那么计算起来会非常简单。

出　雏

当有大量的同一种类卵正要出雏时，通常是在规定的日期将这些卵转移到出雏机，转移的日期通常是在预计出壳的前两天。如果要出壳的卵种类不止一种，而且确切的出壳日期也不明确，那么这些卵的转移日期应该是等所有雏鸟的喙都进入气室以后或者开始有几枚卵啄破卵壳的时候。毫无疑问，雏鸟的喙在一个干燥的内壳环境中更容易刺穿卵胎膜进入气室。在雏鸟的喙刺破卵胎膜的过程中，相对低的湿度会增加这一过程的成功率。如果孵化和出雏都使用同一台孵化机，在干壳期胚胎的喙进入气室之前以后，给孵化机中的水罐加满水，使水罐的储水期与卵在这一时期的发育重合是非常重要的。一旦有大约三分之一的卵破壳以后，机器中的湿度就应该升到最高。在这一时期许多孵化失败的原因是由于操作者经常打开机器的门，去观察出雏情况，而使机器中的湿度和温度都损失掉了，门再次关上以后，加热器会很快恢复温度，但湿度的恢复可能需要半个小时。在这段时间里，正在破壳的卵的卵壳膜会暴露在相对干的空气中变得干燥，从而阻止本来发育得很好的雏鸡成功地出壳。

即使湿度稍有下降，环颈雉的卵壳膜也会变得非常坚韧，筋疲力尽的雏鸟可能没有力气将其打破。正是这个原因，许多环颈雉养殖者发现他们孵化的卵很难在空气流动性机器中出雏，所有的卵都是在空气静止型机器中出雏的。其实环颈雉的卵在空气流动型孵化机中也能很好地出雏，前提是在雏鸟喙进

图 10.8　Marcon Gamestock Zephyr T 9000 型空气流动型出雏机

入气室之前先经历一个干壳期，然后将湿度提高到接近 85%，一直保持到雏鸟全部出壳。

太早打开通风孔可以使已经出壳雏鸟的绒毛很快干爽，但会使湿度降低，因而对仍没有出壳的卵不利。通风孔应该在所有的雏鸟都已经出壳以后再打开，因为雏鸟出壳以后对氧气的需求并不比出壳期间要多。如果机器制造商没有特殊的声明，出雏期的卵应该被转移到一个事先预热了的出雏机中，水罐里装满水，通风孔也是完全打开的。大约有 20% 的卵开始出现破壳迹象以后，通风孔应该尽快关闭，一直到全部雏鸟出壳结束，再重新打开。在商业孵化中，决定利润的是最后的几个百分点，而不是最初孵化出的那几个蛋。

图10.9　运输中的鹑类的雏鸟

如果在最后阶段机器无法提供必要的高湿度，向卵表面喷洒温水，只有在正确的时间，也就是在干壳期末期，才能产生有益的效果。在出雏期中间打开孵化机给卵喷水，这种做法所杀死的雏鸟比挽救的雏鸟还要多。

干　燥

出壳的过程需要巨大的努力，雏鸟出壳后会又湿又累，至少需要休息12小时才能恢复，如果过早地将雏鸟从孵化机中取出，它们会很容易受冻。现代的雏鸟转移箱的设计使雏鸟们在一个封闭的空间里互相取暖，这样一来，等它们到达目的地时，就变成一群活跃、绒毛干爽、饥饿的小家伙了。

在这个干燥的过程中，脱落的羽毛鞘、卵壳、壳膜，以及第一批胎便会把出雏机里弄得一团糟。细菌会污染一些残留物，这些细菌已经进入卵中，在胚胎发育过程中，被雏鸟的自然防御力所抑制，但雏鸟出壳以后，这些防御能力不再起作用，在温暖潮湿、食物充足的环境中，细菌便肆虐地传播。仅一枚受感染的卵就能产生大量的致病菌。显然再把更多的卵移到这堆乱糟糟的东西中出雏就是自找麻烦。

卫生消毒

雏鸟离开以后，所有遗留在机器中的残骸碎片都应该被立即处理，焚化是最佳的处理方法。但如果没有条件，在处理之前应该先把残留物密封在聚乙烯袋中。机器中所有的绒毛和小块的卵壳应该用吸尘器收集起来。由于在这个过程中绒毛扩散是不可避免的，所以整个房间都应该用吸尘器清理。蜘蛛网和灰尘可能会成为将来的污染源，在清理房间时也应该被清理掉。

出雏机中所有可拆卸部件都应该从机器中取下，单独用洗涤消毒剂清洗，然后将出雏机擦拭干净。将商业鸟卵清洗消毒剂溶于热水中可获得双倍效力，这是个理想的选择。当出雏机内保持一定温度和湿度的时候应该进行熏蒸消毒。只要有机会，孵化机也应该用相同的方法消毒，至少要在每年繁殖季节开始和结束做两次消毒。

入孵后机器内的消毒

在疾病确实存在或有潜在问题的地区，孵化机中应该定期使用消毒剂进行消毒。福尔马林是最有效的，但使用时必须非常谨慎。在几个关键期不应使用，也就是在卵入孵后第 24 小时至第 96 小时以及出雏期的 3 天里。在卵刚入孵时，作为每周的例行消毒可以立即进行。在特定的时间使用，正确的浓度至关重要。因为过多暴露在消毒剂中不仅会杀死卵壳上的病菌，也会杀死壳内的胚胎。

大多数环颈雉养殖者在每周入孵新卵时使用次氯酸盐空气消毒。用喷雾罐或小型手动泵向风扇附近的循环空气中喷出细雾，虽然这不会对受感染的卵壳进行消毒，但能杀死大多数飘浮在孵化机空气中的细菌，从而降低细菌在机器内的传播速度。

每窝卵的孵化记录

所有入孵的卵都应该有记录，因为人的记忆很容易出错。可以在孵化机侧面绑上一个记录本、绘图纸和一支铅笔，这样不仅能防止别人把笔顺手拿走，也能提醒操作者使用它们。

卵的数量和种类，入孵日期和预计出雏日期都是非常重要的信息。

称重卵的数量，卵的平均重量。

以 10 枚环颈雉卵称重为例，重量为 340 克，孵化期为 24 天，10% 的卵失重为 34 克，那么用一个简单的纵轴为 40 克，横轴为 24 天的曲线图就能涵盖所有可能的情况。

在图中先画出预测要减少的重量，每隔一周标出 10 枚卵的实际重量，湿度该如何控制就一目了然了。

也要记录下首次验卵时取出不受精卵的数量，每周检验出死亡卵的数量和最后出壳雏鸟的数量，以及对雏鸟质量的评估看法，当时对气室大小是否正常的评估意见，这些对与以后孵化情况的比较是非常宝贵的。

与实际的孵化成功情况相比较，对记录进一步分析和解释，有助于查明孵化失败的原因，将能显著提高下一批卵孵化的成功率。

入孵日期	6 月 1 日
预计出雏日期	6 月 25 日
卵的数量和种类	205 枚环颈雉
入孵 10 枚卵的重量	340 克
卵平均重量	34 克
1%的卵平均重量	0. 34 克
取出的卵（数量）	
不受精卵	5
7 天内死亡的卵	6
14 天内死亡的卵	2
21 天内死亡的卵	6
死亡在壳内	7
不受精率	2. 5%
孵化率	87. 3%
优质雏鸡	179
备注，气室大小等	购于环颈雉养殖场

图 10. 10　孵化记录

第十一章　孵化失败的原因

为什么卵没有孵化出雏

在回答这个看似简单的问题之前，必须弄清许多其他的问题。原因可能在于种群、营养、卵的储存，以及孵化室、孵化机或这些因素的任何管理方面。

多数情况下，可以在孵化过程的详细记录中找到答案。通常情况下，对死在卵壳中的雏鸡的尸检，也不会找出明显的死亡原因。但只要对孵化记录做粗略地查看，孵化各阶段胚胎死亡比例的模式特征就能显示出来。

环颈雉保护协会多年来对孵化问题的调查显示，20%的问题是由于卵的储存，20%是由于孵化机的环境，20%是由于翻卵的问题。所有其他导致孵化不良的原因，如遗传问题、受精率、营养、孵化机控件设置不正确、不正确的湿度、感染或孵化技术不良，只占所调查问题的不到一半。

记录的检查

卵的孵化率和雏鸡的质量是孵化中最重要的信息。86%以上的优秀雏鸡的孵化率，已经是很好的结果，这也可能使以后的孵化再没有提高的余地了，但这应该是我们追求的目标。任何没有持续达到这个孵化率的商业孵化场都是在赔钱。许多鸟类养殖者对超过 70% 的孵化率也感到很满意，但如果对孵化细节加以改进，孵化率还可以提高。低于 50% 的孵化率，表明孵化中问题严重，这无异于是在浪费卵和时间。

受精的比例

卵大约 5% 的不受精率是不可避免的，不仅如此，繁殖种群或繁殖管理中存在的问题也影响卵受精率。所有看似不受精的卵最后都应该被打开，仔细检查卵黄上是否有胚胎发育过的迹象，如果有的话，那么卵就不是不受精。

可能导致卵不受精的原因

父母鸟年老；
父母鸟过于年轻；
不适合的环境下，极端的温度，生活空间不足；
健康状况，人工孵化或亲鸟孵化得不好；
营养不良或饮水供应不足；

交配干扰；

回交；

配对不成功；

发情不同步；

交配的选择性；

严重的近亲繁殖；

雌雄配比不合适；

不良的储存导致的"貌似不受精"。

胚胎死亡

当对没有孵化出壳的卵进行检查，确定胚胎的死亡时间时，通常会发现，30%的死亡发生在孵化期的最后几天，30%的死亡发生在孵化的早期，其余的胚胎死亡在整个孵化期间可随机地发生。在一个糟糕的孵化周期过后，通过对胚胎死亡日龄分布的分析，能为死亡原因提供一些有价值的线索。

孵化第 1 周死亡

在孵化第 1 周大量死亡的原因可能是：

亲鸟的基因；

卵在被收集之前过冷或过热；

卵储存的问题：太热、时间太长，或两者都有、没有翻卵；

不当的消毒；

粗暴的装卸运输；

孵化机温度的问题，特别是孵化温度过高；

孵化的卵被晾凉了；

翻卵不充分；

病毒感染；

维生素 E 缺乏。

除非孵化机出现了严重故障，或者孵化室完全不合适，否则第一周里发生的死亡原因不大可能是由于孵化机的问题，除非机器中的温度计有问题，显示的是完全错误的读数。

孵化第 2 周死亡

在第 1 周引起死亡的任何一个原因都可能削弱胚胎，使其在第 1 周死去，一些被削弱了的胚胎会在第 2 周死亡，但死亡的高峰期会在接近出雏期时出现。

第 1 周没有高死亡率，而第 2 周死亡率很高，原因可能是：

食物中维生素严重缺乏；

孵化机内部的急性感染；

孵化机控件出现严重的设置错误；

卵的温度过热或过凉，特别是在验卵操作时；

过度加湿或湿度不足；

孵化机内通风不足。

孵化第 3 周死亡

孵化期长于 21 天的鸟类，若其死亡发生在孵化机中剩余的时间里，其死亡原因，也可列入到第 3 周。一个重要的兴趣点是在孵化机稍微不正确的设置下，孵化期短的卵仍能孵化出壳，但这对于孵化期较长的卵的影响时间会更长，显然它们在这种孵化环境下不会孵化得很好，尤其是不正确的湿度控制和通风的影响，不正确的温度设置也是如此。

孵化第 3 周以及最后的阶段是回报期，因为在孵化早期所犯的错误并不总是很明显，通常直到胚胎在出壳期死亡才真正显现出来。

肺呼吸建立之前死亡

用肺呼吸的转化是胚胎发育的一个最重大进步。胚胎的任何缺陷，不管是先天的还是由于孵化期，强加于它的不利条件造成的，都会在这个阶段导致很高的死亡率。这阶段死亡的胚胎，经解剖发现，雏鸟常常已经发育完全，就是在刚开始呼吸的阶段死亡了，因为它的喙没能进入气室。

在之前种鸟的管理、遗传、卵的储存、卫生消毒和疾病方面出现过的失误，在这个阶段都会显现出来。

如果在先前阶段没有高死亡率，而在这个阶段出现死亡，再加上开始呼吸的雏鸟的高死亡率，则表明孵化机方面有问题。胚胎在第 1 周和第 3 周的高死亡率表明，要么是遗传方面的原因，要么是在卵储存方面有问题。

孵化机的问题引起的死亡通常有以下原因：

孵化温度过高；

孵化温度过低；

温度波动过大；

卵从储存温度提高到孵化温度的过程过快；

湿度不足；

湿度过高；

通风不足；

翻卵不充分。

要记住的是，在孵化早期犯的错误，如暂时过热、过冷，以及在孵化早期未翻卵，虽然在那个阶段似乎没有杀死胚胎，但胚胎已经被削弱，因而才导致了胚胎现在的死亡。

卵储存不良，由于不合适的孵化室而导致温度过大的波动，以及翻卵不够，是胚胎在肺呼吸转变之前最常见的死亡原因。因感染而死亡的情况，其模式通常是卵在孵化期的所有阶段死亡的数量都有增加，在出雏期前出现一个大的高峰。

肺呼吸建立后死亡

这通常被称为"壳内死亡"，这时胚胎可能还没有破壳或已经破壳了。所有导致胚胎衰弱的原因，不管是卵固有的原因还是由于孵化技术不良而产生的原因，都将在这个阶段以及刚开始呼吸之前导致胚胎死亡。胚胎是由于太弱了而不能出壳。卵被放凉或转移到出雏机时过度的震荡也会导致一定比例的优质胚胎死亡，出雏机中不正确的条件会阻止最早的一批健康的雏鸟成功出壳。

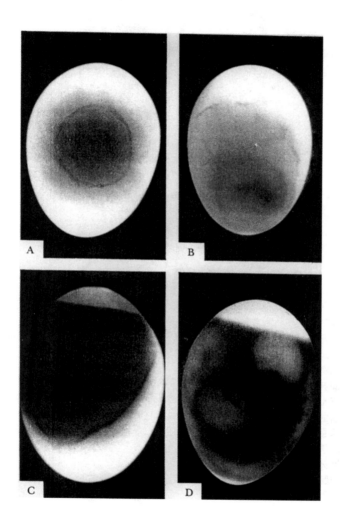

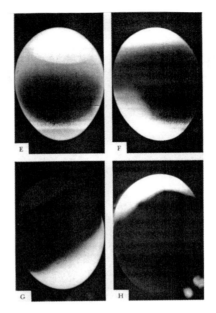

图 11.1　壳内死亡

早期死亡

A 显示最初几天里典型的死亡血环。

B 显示死亡在第 7 天，血管模式已经分解，胚胎已经成为一个无定形的斑点。

中期死亡

C 第 10 天的死亡，注意在膜边缘环绕的血环的位置，完全没有可见的血管。

D 这是一个双黄鸳鸯蛋，有两个胚胎。两个胚胎都已经死亡，但两个羊膜囊都完好无损，清晰可见。

后期死亡

E 胚胎实际上已经完全腐烂，应该在上一次验卵时被取出。注意很大的气室和完全解体。

F 已经死亡了几天，注意气室与卵容物之间模糊的边缘，完全看不到血管，锐端清晰的空间里的未吸收的蛋白。

G 更晚期的后期死亡的例子。

H 胚胎进入气室后死亡，分界线不再鲜明，当然也不再有运动，可以看到喙的尖端已经突出到气室中。

对壳内死亡的调查

有时通过检验未孵化出壳的卵，再结合检验孵化出壳的雏鸟，来确定胚胎的死亡原因，两者结合在一起常常可以形成一个诊断图像。

检验未孵化出壳的卵的技术非常简单，不需要专门的知识。首先要注意的是卵内雏鸟的喙是否已经进入气室，或者雏鸟在卵内是否正在破壳，是否同时开始在卵壳内旋转着破壳。

如果出雏机中湿度不足，特别是对于雉类和火鸡，这是造成大量不必要损失的常见原因。在这种情况下，很多卵周围都已经有了被啄掉的碎卵壳，但是由于卵内坚硬的干膜没有裂开，雏鸟因此被困在卵中，无法出来，最终疲劳而死。

如果在孵化早期湿度过大，胚胎会又大又软，蛋白没有完全吸收完。雏鸟的喙啄穿了卵壳后，喙从卵壳上的洞中伸出来，由于未吸收的蛋白从洞里漏出，像老式木胶一样黏稠，使雏鸟的喙被粘住而不能从洞中取出，再继续啄下一块卵壳。这种喙被粘住的现象在孵化鸭卵时很常见，是由于孵化初期湿度过高而引起的。

这种情况也可以是由于整个孵化过程中温度出错造成的，特别是温度的波动，而如果雏鸟出壳阶段湿度不足则会使情况变得更糟糕。

确定了胚胎是否已经破壳，或是否有破壳的特征以后，接下来，用剪刀或刀子将顶部的卵壳去掉，观察气室，注意气室的大小，喙是否已经进入气室，或者胚胎是否错位了。

将雏鸟从卵壳中取出，查看卵壳内是否有多余的蛋白，如果孵化湿度过大卵中会有许多蛋白，有时在孵化过程中平均温度过低也会出现这种情况。受感染的卵通常带有一种恶臭，胚胎周围的液体会变色。然而，在许多感染病例中，雏鸟看起来完全正常，但对其卵黄囊、肝脏和肺进行细菌培养后会有大量细菌。

如果温度计不准，孵化全过程温度过高，雏鸟往往很小；它们的喙已经进入气室但仍会有一个瘤状卵黄囊未被吸收。这种情况下死在壳中的雏鸟摸起来通常很黏。湿度过小也会使雏鸟过小而被粘在卵壳内。如果在出壳阶段湿度足够高，可以阻止这种黏性胶状物进一步蒸发，会使它变得更加黏稠，这种情况下，许多雏鸟能出壳，但雏鸟会很小而且不太活跃，而且通常最初几周的死亡率高于正常水平。

对出壳雏鸟情况的调查

首先确定受精卵的孵化率。如果孵化率在 86% 以下，都是可以再加以改进提高的。我们从孵化机的错误对孵化全过程造成的影响考虑要比只针对某一特定问题找原因更容易。

孵化机温度过高。这时第一批出壳的雏鸡往往较早；在极端情况下，可比预计出壳日期提前 48 小时。这些出壳早的雏鸟大多又小又弱，肚脐未愈合，甚至会有一个卵黄囊突。剩下的卵出壳时间会拖得很长，许多很虚弱的雏鸟是挣扎着出壳，这些雏鸟会有轻微的畸形，常见的如脚趾弯曲。孵化后期死亡的比例也很高。

孵化机温度过低。破壳最初的迹象往往出现得较晚，通常至少晚一天。发育完全正常的雏鸟仍然会晚出壳两天。总孵化率通常是合理的，但雏鸟往往又大又软，而且行动迟缓。一些雏鸟会有畸形，如弯脚趾和歪脖子。有一些胚胎死在壳中，但不会像温度过高引起死亡的数量那么多。许多出壳晚的雏鸟身上常会很黏。

孵化初期湿度过低。出壳的雏鸟一般又小又弱，胚胎壳中死亡的比例很高，这种死亡的卵的气室常常很大。

孵化初期湿度过高。雏鸟很大，身体外常常沾有一层黏性的蛋白。雏鸟喙进入气室，但不能出壳的情况所占比例较高，常常是一只活的雏鸟被困在卵壳内。

出雏机湿度太低。出雏情况开始很好，早出壳的雏鸟很快能出壳，但随后出壳的雏鸟却会很困难。许多雏鸟出壳时身上沾着卵壳的碎片，但也有许多雏鸟被坚韧的壳膜束缚在壳内无法出壳。如果出雏机的设置很接近孵化的最适条件，而不是出壳的条件，卵壳内的膜会变得较干，因此会使胚胎粘在壳中，阻止它在卵壳中转动。频繁地打开出雏机的门，去看雏鸟破壳的进展，就会造成这样的结果。

出雏机的湿度太高。如果出雏机内有适度的通风，则机内的湿度不太可能很高。但如果出雏机没有通风而且湿度非常高，雏鸟会很软，身上呈糨糊状，气喘。这不是由于湿度高引起的，而是由于机器内缺乏新鲜空气。

陈旧卵的孵化。长时间储存的卵经孵化出壳以后往往雏鸟较小，出壳的时间也较长。从收集到储存超过三周的卵的孵化结果可以看出，卵看似不受精和早期死亡率都会很高，许多胚胎在壳内死亡，出壳的时间也会拖得很长。

孵化问题对照表

问题的表现		可能的原因
1 **卵透明**	（a）	交配不成功
无血环或胚胎生长	（b）	雄鸟营养不良
	（c）	陈旧的卵
	（d）	雄鸟不育或交配有选择性
2 **有清晰的血环**	（a）	孵化温度太高
或部分发育	（b）	卵被晾凉了
	（c）	陈旧的卵
3 **胚胎死亡**	（a）	错误的孵化温度
胚胎在孵化第 12 或 18 天死亡		
雏鸟已经完全形成，	（b）	通风不足
喙进入气室之前死亡	（c）	不正确地翻卵
	（d）	遗传问题
4 **壳中死亡**	（a）	同 3 （a）
	（b）	同 3 （c）
	（c）	孵化的平均湿度低
	（d）	孵化的平均湿度高，特别是鸭蛋
	（e）	传染性疾病

5　**不正常雏鸟**

	（a）	过低的平均湿度
粘在壳中	（b）	出壳期湿度太低
	（c）	不正常翻卵
雏鸟身上很黏	（a）	孵化温度低
	（b）	孵化湿度太大
肚脐粗大	（a）	孵化温度高
雏鸟很小	（a）	卵小
	（b）	湿度低
	（c）	孵化温度高
雏鸟身体大而软	（a）	孵化平均温度低
	（b）	孵化湿度太高
	（c）	孵化室通风不足
绒毛短	（a）	孵化温度高
	（b）	孵化湿度低
气喘	（a）	孵化期间湿度过高
火鸡人工帮助出雏	（a）	出雏期湿度低
	（b）	出雏盘温度过高

6　**雏鸟畸形**

交叉喙	（a）	遗传因素
弯脚趾	（a）	孵化温度过高
	（b）	孵化温度过低
撇腿	（a）	孵化温度过高
	（b）	出雏盘太滑
歪脖子	（a）	由于温度过低使出壳时间过长
	（b）	由于湿度低使出壳时间过长

7	**出壳过程缓慢**	（a）	孵化温度过高
	一些雏鸟破壳提前，		
	但出壳缓慢	（b）	卵入孵时间差别大
		（c）	喙进入气室时卵膜太干

8	**破壳延迟**	（a）	孵化平均温度过低
	开始破壳晚，出壳缓慢		

9	**臭卵**	（a）	孵化湿度极高
		（b）	入孵时卵壳有细微裂缝

第十二章　雏鸟的养育

所有的鸟类，刚孵化出壳的雏鸟在没有外界帮助的情况下，都无法自己维持自身的体温。雏鸟在寻找食物的过程中需要经常地停下来休息和进行保暖。那些出壳以后没有视力、全身裸露的晚成雏鸟，更需要持续地保温和更频繁地喂食。尽管鸟卵可以使用孵化机孵化，但雏鸟的人工养育却是一件非常费事耗时的工作，而且并不总是能成功。那些孵化出壳以后身上有绒毛且能自主运动的雏鸟更容易进行人工饲养。雉类、鹑类和鹌鹑的雏鸟出壳以后需要保温和食物，大多数的小型鸭类也是如此。对于潜鸭类、雁类和天鹅来说，不需要过多的保温，营养则显得更为重要。

抱窝鸡养育雏鸟

如果是抱窝鸡自己孵出了雏鸡，应该让其一直暖雏，直到雏鸡身上的绒毛干爽，能够自由活动。这段时间至少需要 12 小时左右。如果雏鸡是在孵化机中出壳，在它们出壳后，就应该把它们轻轻地放入孵化巢箱中卧巢母鸡的腹下，让它暖雏几

251

个小时后再将它们一起转移到专门的带有运动区域的育雏笼中。多数母鸡，如果已经卧巢一段时间，能接受数只初生的雏鸡。将雏鸟放置到母鸡卧巢的箱中时，可以一次把几只雏鸟放在母鸡身下，最好在较暗的光线下操作。

一旦母鸡接受了雏鸟，它们便能安全地在母鸡的腹下互相依偎取暖，然后把它们一起转移到事先准备好的、专门带运动区的移动式育雏笼中。育雏笼和笼下的地面必须是干燥的。在笼下的地面上铺一些木屑、泥炭或在刚割过的草地上铺一些沙子都可以。母鸡应该被关在鸡笼中，将食物和水罐放在鸡笼外母鸡能够得到但不会被刨撒的地方，运动区域必须面积较小，雏鸡就不会因为跑到离母鸡太远的地方而受冻。运动区的地面是短草地最好，但如果没有，沙地或小沙砾的地面也可以。不管怎样，移动式育雏笼每天应该更换位置，选择一片干净的区域放置。

人工抚育

不管雏鸡是由父母养育还是由母鸡养育，还是人工养育，它们对环境的要求是相同的。在人工养育过程中，加热器为它们提供热源，它们还需要随时获得食物和水。热能的供应可以用电能或天然气、石油、石蜡和家用电器。这些商业化电气设备可以供养几只到成千上万只雏鸡。人们在人工养育过程中已经证明，所有种类的雏鸟，如果能够选择自己需要的温度区域，能回到一个温暖的地方休息，能跑到一个相对凉爽的区域活动和觅食，它们就能茁壮成长。随着雏鸟的生长和全身羽毛的生长，温暖区域的温度可以逐渐减低，通常是每天将热源与雏鸟之间的距离增加一些。重要的是千万不要让雏鸟着凉，有时着凉的雏鸟在变暖后似乎恢复了健康，但这些受过冻的雏鸟中有很大一部分会出现胃肠道问题或肝肾功能衰竭，并在几天后死去。一只雏鸟如果太热也会变得很痛苦，会很快死去。

家鸡雏鸡的饲养

在过去，很多的家用电器都以此为卖点，但目前大多数都已经被红外线加热器所替代。红外线电加热器是悬挂在地面上方，这样灯直接照射下的温度是孵化温度，大约 37.2℃（99℉）。灯直射下的中央区域对于雏鸡来说可能会太热了，但从中心扩大到灯四周会形成一个温度梯度。每只雏鸡会选择一个自己需要的位置。在热区周围用瓦楞硬纸板围成一圈，将雏鸡的活动范围限制在这片区域中，可以防止雏鸡远离热源。把食物和水罐放置这个区域的外围，但不是中心区，使雏鸡容易找到食物和水。一个 150 瓦的加热器可以容纳 20 多只或更多的雏鸡。饲养几十万只肉用雏鸡的大型鸡舍，使用气体加热器的原理与此相同，每个加热器周围有数千只雏鸡。研究发现，每个加热器下有大约 500 只雏鸡的饲养效果会更好。

大约 48 小时后，硬纸板围成的区域被扩大，使雏鸡有更多的活动空间，几天后，硬纸板被完全移除。第一周后加热灯被提高几厘米，热源中心区的温度会降低几摄氏度，以后每隔一周继续升高，直到 6 周后，中心区域温度下降到 15.5℃（60 ℉），这时，雏鸡的羽毛应该生长完全而不需要额外的热量。

图 12.1　A. B. Keepwarm 型电母鸡（电加热器）

雏鸟的行为表现是最好的温度指示。如果它们都很集中蜷缩在热源区的中心点，说明温度偏低，它们很冷。正常的表现应该是雏鸡舒适地围绕在温度最高的中心点外围区。如果雏鸡所围绕的中心区过大，就说明温度太高了，可以把加热灯升高一些。

环颈雉和鹑类雏鸟的养育

环颈雉和鹑类雏鸟的养育方法和家鸡雏鸟的完全一样，它们对热量的需要一样。但不同的是环颈雉和鹑类雏鸟需要高质量蛋白的食物。这些种类的雏鸡会比家鸡更加好动，因而更易受伤或造成死亡。它们能从发现的一个小洞中钻出去，因此而受冻。如果饮水盘中没放小石子它们会掉进水中淹死；如果盛食物和水的容器之间有一个小缝隙，或食水容器与硬纸板之间有小缝隙，雏鸡也很可能会被卡在缝隙之间。

图 12. 2　养育鹦鹉及其他种类晚成鸟的 A. B. 空气流动型恒温育雏箱

雏鸡最大的恶习是啄羽，这会进一步导致同类相食。白光灯下的环颈雉雏鸟在出壳第 2 天就可能开始彼此喙食，使用红光灯可以减少出现这种情况。当集中饲养大量雏鸡时，它们需要生活在半黑暗的环境中。即使如此，它们也可能还需要断喙或者戴上塑料鼻夹来阻止互相啄羽。

人工饲养小群环颈雉雏鸡通常使用"保温电母鸡"（电加

热器），这是一个有四根短腿的扁平加热器，很像一张桌子。沿着电母鸡边缘垂挂一圈短布，在布的下面，雏鸡可以在完全黑暗的电母鸡底部取暖，到有光亮的地方取食。电母鸡和雏鸡通常被放在一间很小的木质或金属的小棚子里。几乎在出壳第1天，雏鸟就可以到外面的活动区奔跑，活动区面积随雏鸡的生长而增大，直到被释放到饲养它们的笼舍中。

多数观赏雉类的雏鸡孵化出壳以后，如果在小育雏箱中饲养，它们更容易互相啄羽。

制作一个小型育雏箱很容易，它的面积约为 46cm×30cm，两侧高 30cm，在箱的一端悬挂一个距箱底 15cm 的照明电灯泡。

如果光照太强会引起雏鸡互相啄羽，可以把发光的灯泡放置在一个倒置的黏土花盆中，做成一个简易热源，或者使用低瓦数的陶瓷加热灯代替照明灯。用小网眼金属网做育雏箱底，可以使雏鸡的粪便从网眼漏出，省去了每天的清理。多数雉类的雏鸟在出壳几天以后就能飞，所以育雏箱还需要有一个金属网做的盖，防止雏鸡从箱中飞出。

图 12. 3　Marcon Gamestock 100 B 型电母鸡（电加热器）

鹌　鹑

　　商业化鹌鹑雏鸟的养育方式是在地面上饲养。在沙地、泥炭地或铺撒了木屑的地面都可以。与雉类雏鸟的养育方法完全相同，但由于鹌鹑的雏鸟体形很小，所以它们很容易走失。用小型育雏箱饲养鹌鹑雏鸟效果很好，雏鸟饲养的温度与家鸡雏鸡的饲养温度相同。

鸭　子

　　饲养鸭子雏鸟时不仅需要饮水，还需要有大量的水供它们游泳，它们会把水溅得到处都是，它们排泄的水状粪便也会到处都是。雏鸭的饲养方法可以同雏鸡的一样，所不同的是雏鸭的饲养场地需要每天清理。

　　商业化养鸭用金属网网上饲养方式已经非常成功。目前很流行用育雏箱饲养观赏性雏鸭。育雏箱地板是金属网的，除了在灯下方铺垫一小块地毯或类似的铺垫料，每天进行冲洗。饲养观赏性雏鸭最简单的方法是使用红外线加热灯和地板上铺垫刨花。出壳后的。最初两天，雏鸭被一圈硬纸板围在加热灯附近，用雏鸡饮水器为它们提供饮水。一旦雏鸭们都吃饱了，就把硬纸板移走，它们能进入一个小塑料水池。这个塑料水池是用金属网吊起来的，雏鸭们必须跑上一个混凝土斜坡才能到达。它们可以尽情地游泳和溅水，溢出的水通过格栅流进下水道。食物仍然放在加热灯附近，雏鸭们必须在这两者之间跑来跑去。它们脚上的大部分水都从斜坡上流下去，这样垫料还能保持干燥。

大部分的粪便排泄在水中或水池附近。小水池里的水位由一个球阀自动控制在一定的位置；水池里的水只需要每天清空一次。在这种饲养方式下能同时饲养 40 多只观赏鸭，和每批 100 多只的绿头鸭（*Anas platyrhynchos*）。除了在育雏期的最后需要清理一下环境，在平时的饲养过程中基本不需要清理。一个星期以后，加热灯的高度抬高大约 5cm 左右，到第 3 周，雏鸭就不需要加热灯，可以到户外活动了。

鸳鸯、林鸳鸯（*Aix sponsa*）、鹊鸭（*Bucephala clangula*）的脚上长有小爪，它们能爬上垂直的表面。这些种类的雏鸟，应该用表面光滑的硬纸板做围挡，否则它们会爬出围挡区而因此受冻。

家鸭和绿头鸭的雏鸟出生以后就有寻找食物和吃食的本能，大部分雉类的雏鸟也是一样。如果在食物上撒一些切碎了的新鲜青草，它们会很快开始啄食，如果是活食就没必要诱食了。

大多数观赏性鸭类，特别是林鸳鸯和鹊鸭，即使给它们许多目前能买到的、最有营养的商品家禽饲料，它们也会因为不会自己吃食而饿死。因为它们还不认识食物，所以必须教它们吃食。一个最简单的方法是将一两只会吃食的雏鸭和它们一起养。上一批孵出的最小的雏鸭，如果不超过两日龄大，是最理想的。同样，在卵孵化时一起孵一两枚绿头鸭卵，让它们一起出壳，也能达到同样的目的。大多数雏鸭的天然食物是很小的活食，例如能在水面上移动的小昆虫。如果把雏鸭和切碎的小块青草一起放入一个浅浅的锡水槽中，上面有水滴滴进水槽，雏鸭就会随着水面上移动的青草块开始啄食。

大多数雏鸭容易被颜色鲜艳的东西吸引，如彩色糖衣巧克力豆，将这些彩色的糖豆放在食盘子中。糖豆太大雏鸭吃不进去，但可以吸引雏鸭，空气中的水分使糖豆表面变得很黏，在盘中和糖豆表面撒上雏鸟碎料，雏鸭在啄食彩色糖豆时，碎料被粘在喙上而一起吃进去。

所有种类的雏鸭的开口料应该使用高质量的雏鸡碎料，大约1周左右应该转换成生长饲料，否则翅膀和跗部关节会出现滑腱的问题。

雏雁的养育

雏雁的饲养方法与雏鸭的一样，实际上它们可以养在一起。它们从一开始就需要尽可能多的绿色食物，用来稀释食入的高浓度的雏鸡碎料。通常它们应该在两周后就不需要使用加热灯了。人工养育雏雁时必须有特定的伙伴陪伴它们一起生长，让它们形成正确的印记，否则它们会不吃也不长或者变得很痛苦。如果每次将8只或更多的雏雁一起饲养，它们可以在彼此之间形成印记。但如果一起饲养的只有一到两只雏雁，在最初的几天里与几只雏鸭一起饲养要比单独饲养会更好。

同一窝卵中最后出壳的一到两只雏雁由一只母鸡来养育会更好。

火鸡和珍珠鸡雏鸟的养育

　　火鸡和珍珠鸡雏鸟的饲养方法和家鸡雏鸡一样，在这种饲养模式下它们能生长得很好。它们需要优质高蛋白雏鸡碎料，并应在饲料中添加抗球虫的药物（anti-coccidiostat）和抗黑头病药物（anti-blackhead drugs）。育雏时它们对温度的需求与家鸡雏鸡很相似。

图 12.4　翎颌鸨雏鸟体重称量

图 12.5 A. B. Newlife 12V 直流便携式育雏箱

第十三章 二十一世纪的孵化技术

1979—2002 年

本书（英文版）出版后的 23 年里，虽然最初书中所涵盖的内容仍被视为如同孵化界圣经一样最具权威性。但在本书出版后，我们也学到了一些新东西，它们是从一些很难繁殖的濒危物种孵化成功的实例中总结获得的。这些经验完善了书中以下几方面知识，如某些特殊种类的卵在孵化时的特殊要求，如何利用更先进的孵化设备提高孵化效果。一些私人养殖者也为此书贡献出自己的孵化经验。目前，我们设计生产的孵化设备被应用于许多物种的孵化，这些物种小到蜂鸟大到鸵鸟，都取得了非常成功的结果。

设　备

最新型号的孵化机采用最新的固态电子技术，温度控制精度高。现在生产商非常注意卵上方和周围的气流是否均匀，以防止机器内出现过高和过低的温度点。对于那些开始孵化鹦鹕、猛禽和其他外来种的人来说，空气流动型孵化机现在要比空气静止型孵化机更好，因为前者能保证卵周围空气的均匀流动。目前一些新的设想正在引进孵化机设计，它能确保操作者用最简单的操作方法获得成功的孵化效果。

翻　卵

新型孵化机的另一方面体现在自动翻卵上。更小、更便宜的机型由固定速度的发动机/变速箱的组合来控制机器转向装置的运动，使卵每 2 小时来回翻转 90°。更贵的机型装有时钟，如果需要的话，时钟可以设定在 24 小时内每 10 分钟翻转相同的角度。如前所述，翻卵有三种方法：

1）卵由一侧翻滚到另一侧；

2）卵锐端向下垂直放置，从一边旋转到另一边；

3）一些卵锐端朝下放置在塑料蛋盘中，蛋盘前后旋转 90°。

一些孵化较困难的种类，卵在最初孵化的 10～15 天里，需要采用水平侧向翻转，然后采用垂直翻转的方式直到雏鸟在卵内啄破卵壳。生产商已经生产出了一种小型孵化机，这种孵化机同时有两种翻卵方式，确保了卵孵化环境的连续性，这样，在转换翻卵方式时不需要将卵转移到另一台孵化机中。在孵化期间所孵化卵的大小不一，出现了另一个问题就是放在同一滚轴上的不同大小的卵，有的卵会来回一次翻转 180°，在过去，这是通过为不同种类的卵，选择相应大小的滚轮来解决的。

在 2000 年，A. B. 孵化机推出了 Newlife Mk6 型孵化机，这种孵化机能控制滚轮的旋转，以适应特殊形状的卵在翻卵时的需求。在滚轴上安装不同尺寸的橡胶圈，可以适应滚轴上放置的锐，端较窄的，较大的卵，在翻卵时它们会被限定在滚轴的一定位置上，沿着自己的水平平面滚动，防止了卵一直滚动到轴的另一端。

湿　度

几年前，人们对难孵的卵的孵化湿度的需求还知道得不多，认为在机器地板上放一盘水就足够了。如今，随着对个别物种的孵化湿度要求有了更多的了解，知道了在孵化时它们需要一台能提供可变湿度的孵化机。

安德森·布朗（*Anderson Brown*）最初所设计的孵化机的一个特点是使用湿球温度系统，将湿度控制在设定水平。将一个传感器放在包裹湿球温度计的棉芯内，监测机器内湿球温度计的升降。一旦读数低于电子控制器的设置，一个电磁阀便打开，让更多的水进入孵化机。随着水分的蒸发，当机器内湿度水平达到了设置的湿度水平以后，进水阀门就关闭。机器内进一步的空气变化将刺激传感器重复这一过程。

一些制造商正使用新型固态传感装置测量湿度，这种装置通过传感器中的一个双金属片感应空气中的水分。这样就不需要湿球系统和为了保证正确的读数需要经常更换棉芯了。但这种固态传感器的主要缺点是，双金属片容易被雏鸟出壳后产生的灰尘和绒毛弄脏，这可能会导致读数不准，并停止向机器内供应水。而且这种装置不容易清洗或重新校对恢复到原来的工作状态，所以在这方面进一步完善之前，不推荐使用这种装置。最新型的传感器有防尘等功能，能在恶劣的环境下工作，这种新型传感器是在对计算机房和实验室中湿度监测需要的研究过程中出现的。

A. B. 孵化机已经将他们的新湿度控制器作为一个独立装置，设计用于没有安装标准湿度控制器的孵化机中。新湿度控制器的主要优点是，微处理器控制使用传感器，控制软管泵，将所需的水量加入孵化机中，直到机器中达到预先设定的相对湿度水平。

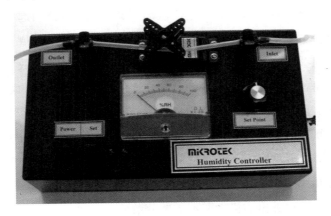

图 13.1　A. B. Mikrotek 湿度控制器

孵化情况的监测

水银温度计历来是测量温度的最佳最精确的仪器，但随着小型电子电路的出现，数字温度计的使用越来越多。读数清晰可见，测量精度已经在 0.1℃左右的可接受范围内。数字温度计目前的价格也很合理。

数字湿度计也开始出现。湿度表测量湿度并显示为相对湿度。目前，价格合理的湿度表，测量精度在±5%之间。随着传感器变得更加精准和生产规模的扩大，数字温度计的价格会越来越低，应用也会更广泛。

空气流动型出雏机

多年来，传统的出雏方法一直是使用空气静止型孵化机，多数环颈雉养殖者也不会考虑改变或使用其他方式。大型孵化场的出现，进一步完善了空气流动型孵化机，因此引起了人们对这种方式的兴趣。虽然空气静止型出雏机在过去很成功，但也有一些缺点，如卵在这种出雏机中需要较为分散地放置，才能使每枚卵获得较为统一的湿度，这使机器所容纳卵的数量很有限。而且如果在出雏期间打开机器门，湿度需要几个小时才能恢复，因此会导致出壳延迟。而在空气流动型出雏机中，湿度在降低以后只需几分钟就能恢复。这是因为空气流动型机器中有叶片或风扇能促进出雏机中空气循环，使温湿度均匀分布，所以这种出雏机中卵不需要分散放置，孵化出壳雏鸟的数量比空气静止型机器多。

使用小型、空气流动型出雏机进行的出壳试验显示，孵出雏鸟的质量也有所提高。雏鸟出壳过程中能保存体力，消耗最少的能量迅速地破壳而出。

未来的控制方法

固态电子装置中微型部件的进步已经使微处理器控制装置能够安装到大型商用孵化机上。温度和湿度的要求被输入并存储在一个存储器中。预计在不久的将来，较小型号的孵化机也将配备类似的设备。

这种系统还有其他优点，可以根据该设置检查实际温度，如果实际温度因任何原因超过设置的±1℃，就会触发警报。类似的微型控制器也将用于控制孵化机内部的湿度。那些拥有繁殖困难物种的饲养者现在意识到如果他们投资这些精准的控制系统将会获得巨大的优势，他们正在要求制造商将这些控制系统安装到标准孵化设备上，而在每个繁殖季多孵化出一些卵，就能收回这些额外的成本。

A. B. 孵化器在两年前推出了第一台使用微处理器控制温度的小型孵化机。这种孵化机的主要优点是当孵化室电源电压不稳的情况下孵化机仍能保持稳定的孵化温度。这种孵化机还可以按照一个给定的温度程序进行精确操作。这就是上述提到的用于湿度控制的前身。

提高孵化率的技术

家鸡和火鸡孵化行业中，一直用卵的失重法作为监测卵孵化进程的一种方法，正如前面提到的，大多数卵在孵化过程中会因水分流失，损失 12—15% 的初始重量。如果通过增加或减少孵化机内部湿度将这种损失控制在个别物种的要求范围内，那么成功孵化的可能性将会大大增加。在 20 世纪 80 年代早期，美国康奈尔大学率先使用失重法来提高游隼的孵化率。这个方法现在已经用于许多其他物种的孵化，如鹦鹉、雉类、企鹅和走禽类，都获得了令人满意的结果。

失重技术

当使用失重法提高卵孵化率时，需要注意以下一些原则。

a. 卵一定是刚产下的新鲜卵。需要监测重量损失的时间是从卵入孵一直到雏鸟在卵内开始破壳，也就是雏鸟的喙进入气室中开始呼吸的时候。

b. 卵重量损失的计算：

（i）卵的重量需要使用精确度在 0.01 克的秤来称量。

（ii）计算出卵重量 15% 的数值。

（iii）将（ii）的结果除以从孵化到雏鸟开始在内部破壳的天数，就会得到孵化期内卵每天理想的重量损失。

（iv）画一张线图，纵轴为卵重，横轴为孵化天数。从卵孵化到雏鸟内部破壳，每天所预测的重量损失就可以绘制在图中作为参考了。

如果我们认为所有的卵在孵化过程中都会损失重量相等温度相同的水分，那就错了。这种情况在野生环境中是否存在，我们不得而知，但在圈养环境中则是不可能的，因为这是由许多因素决定的。如果监测的是一窝很珍贵的卵，那么每枚卵都需要每天单独称重，并在图中画出自己的点。一枚卵的重量损失量可以通过增加和减少孵化机中的湿度来控制。也就是说，如果一枚卵的失重太大，就需要增加机器内的湿度，而如果失重太小，则需要一台相对干燥的孵化机。

当处理大量同时孵化的卵（如环颈雉）时，可以抽取其中少量的卵进行称量，结果能显示这批卵的生长发育状况，并可以通过调整湿度进行补偿。在定期监测处理少量卵时，大多数饲养者会购买额外的小型孵卵机，让它在不同的湿度下运行，根据卵重量曲线上的读数将卵转移到不同湿度的孵化机中孵化。

密度损失技术

这是一种更进一步的方法，用来计算卵的水分损失，它能使人们对卵失重的控制达到更精细的程度。一些人很难理解什么是密度，如果将一枚刚产的新鲜的卵，放在盛有水的桶中，它会下沉，这是因为新鲜卵的密度大于1。而同样是这枚卵，在孵化期末期时放在水中时，它会浮起来，因为这时它的密度小于1。如果在孵化过程中的某个时间，将卵放在水中，卵既不会浮起来也不会沉下去，而是在水中悬浮着。

使用密度损失公式计算，必须称量卵重，然后除以体积。我们大多数人在学校里学到的，求一个规则矩形物体的体积时，是用长度乘以高度乘以宽度。由于卵的高和宽通常很接近，一种计算卵体积的简单数学方法，是用螺旋测微器（千分尺）测量卵的长度，然后用长度乘两次宽度，最后乘以一个公认的校正系数。

长度×宽度×宽度×0.51＝卵的体积

（ L×B×B×0. 51＝体积）

校正系数的计算已经考虑了卵的椭圆形状，它是用来弥补卵是椭圆形而不是长方形的。在上面的例子中，校正系数＝0. 51。这一系数在不同物种的卵之间略有变化，但通常变化最多不超过 0. 04，因而对密度曲线图的影响不大。

　　例如：一对冕鹬鸽的一枚卵

　　　　要求有三个测量数据

　　　　重量（单位：克）＝ 20. 2g

　　　　长度（单位：厘米）＝ 3. 619cm

　　　　宽度（单位：厘米）＝ 3. 234cm

　　　　体积＝ 3. 619×3. 234×3. 234×0. 51 ＝ 19. 304cm^3

卵重量除以体积就得到了密度。这枚卵的密度＝ 20. 2/19. 304 ＝ 1. 046

卵体积的计算通常是在卵新鲜时进行的。然后每一到两天称量一次卵重，结果除以体积（重量÷体积）。有意思的数字是平均每天的密度损失。在冕鹬鸽的例子中，卵每天的密度损失是 0. 010。这个数字因物种不同而不同。如果密度过高，卵是应放在高湿度的孵化机中，密度损失就会减慢。相反，如果卵是放在较干燥的孵化机中，密度损失就会加快。这与卵重量损失的原理是一样的，但密度损失法却有明显的优点。因为即使在同一种的同一窝中，由于卵在大小上存在不同，较大卵每天的重量损失要多于较小的卵，所以计算出卵平均每天的重量损失很困难，即使通过计算获得了这个数字，它对于这一种类卵未来的孵化也没有什么意义。但某一种类卵的平均每天密度损失的数字却可以通过计算得到，这一数字并不受卵的大小和形状影响，因为在计算时这两个因素是已经被考虑在内。

一旦掌握精通了密度损失技术，卵失重曲线似乎就没有必要了，但失重曲线仍然可以为我们提供非常有用的信息。曲线图 13.2 和图 13.3 分别是十枚冠鹧鸪卵的重量损失曲线和密度损失曲线。从这些曲线中可以看出密度损失法的两个优点。首先，与卵失重曲线相比，可以看到密度图中每枚卵的曲线画得都非常接近。想象一下，如果一枚冠鹧鸪的卵被发现时已经孵化了一段时间，但却不知道孵化了多长时间。想要知道它孵化了多长时间，于是通过称重发现它的重量为 20 克，但通过查看失重图我们无法确定这枚卵是刚产下还是已经快出壳了。但通过测量计算知道这枚卵的密度是 0.90，就有可能确定这枚卵发育的时间是在 12～14 天。在那些没有验卵条件的地方，密度损失法是一种非常有用的技术。值得注意的是，在作出几枚卵的密度损失曲线以后可以发现几乎所有卵开始的点是在 1.03～1.05。卵最致密的部分是卵壳，一枚开始密度很高的卵，例如冠鹧鸪卵中，一枚密度为 1.08 的卵，说明它有较厚的卵壳。这枚卵就需要放置在湿度低于一般湿度的孵化机中，而一枚开始密度低的卵情况恰好相反，我们可以推断它的卵壳较薄，需要放在湿度较高的孵化机中孵化，防止它在孵化期间损失过多的重量/密度。

监测设备

在大型孵化场中，每台大型孵化机和出雏机中的温度和湿

冕鹧鸪卵失重曲线

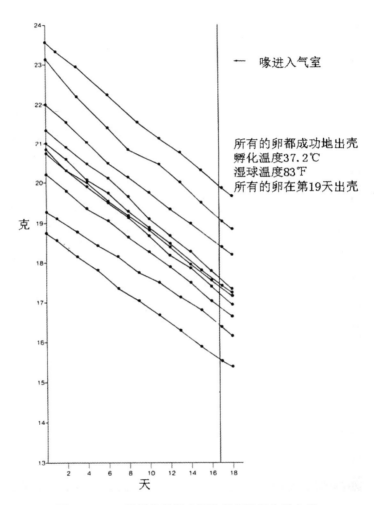

喙进入气室

所有的卵都成功地出壳
孵化温度37.2℃
湿球温度83℉
所有的卵在第19天出壳

图 13.2　10 枚冕鹧鸪卵在孵化期间的卵失重曲线

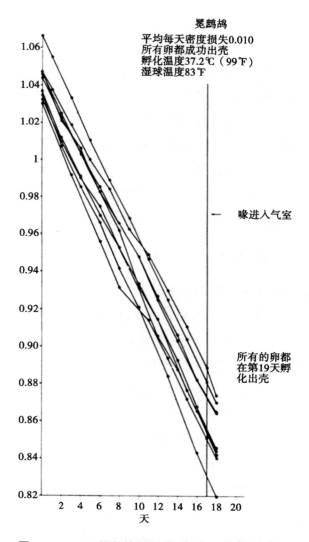

图 13.3 10 只冕鹬鸪卵在孵化期间卵的密度损失曲线

273

度数据都会自动记录在一个数据库中，以备在将来孵化过程中出现问题时作为参考。此外，每台孵化机都由自己的预先编程的计算机控制，来满足不同种类卵对温湿度的需求。我们现在看到类似的系统被安装在几个动物园和野生动物繁育站以便对那里的一些孵化设备进行精密控制。

每台机器都有一个连接到中央控制系统的传感器，如果任何一台机器出现问题，操作者就可以立即看到，或者将出问题时机器的运行情况打印出来。报警系统会提醒操作员机器出现的不正常温度，或电力供应出现故障。

便携式低压孵化机和育雏箱

随着饲养珍稀濒危物种热度的增加，人们对便携式孵化机的需求量也不断增加。便携式孵化机主要用于卵的短途运输（从一位繁育者到另一位准备繁育者之间的运输），低电压育雏箱则适合运输随后孵出的雏鸟，尤其用于运输鹦鹉类的雏鸟，后来也用于蕉鹃类的雏鸟。这些设备的电力供应通常来自运输车辆的点烟器插座，有时也可以通过汽车电池供电。这些机器非常基础，只有温度控制和故障安全报警装置，没有翻卵或湿度控制装置。这些孵化设备在设计方面最注重的是机器内部热量的保存和如何把电池电流的消耗维持到最小。由于卵只是在便携式孵化箱里待一段有限的时间，不会影响卵的发育，所以也没有通风设备。如果运输时间长一些，每隔 4~6 小时可以打开孵化箱的盖子几秒钟，给卵补充一些新鲜空气。一些便携式孵化设备配有多种控制器，可以使用不同的输入电压，因此这些设备可以在世界各地不同的电源供应地区工作。有些便携式孵化机上安装了冷却装置，这样在运输过程中即使卵是由于出壳需要稍低的温度，或环境温度高于操作温度时，孵化机也能保持所需要的温度。

多年来，便携式孵化机的使用一直受到限制，由于孵化设备在运行状态下空运时，孵化机电子元件可能会影响飞机的导航系统，所以在运输之前，需要取得航空公司的许可，在从冰岛和阿拉斯加采集野禽卵空运时，就是这样运作的。在保温性方面便携式育雏箱比便携式孵化机面临更大的问题，因为育雏箱必须使用通风为雏鸟提供新鲜空气，在进气量和电流消耗之间需要达到一个平衡，这样才不会使电池的消耗过大。多数便携式孵化装置使用 12 伏直流电源工作。

图 13.4　A. B. 12V 直流便携式孵化机

走禽类

随着人们对鸵鸟养殖兴趣的提高，一些主要的孵化机公司正在生产大型孵化设备，以满足孵化数量更多的卵，如孵化500~1000枚蛋的孵化机。在孵化大批的卵时必须始终遵循生产商的使用说明，才能保证成功，但对于只想孵化少量卵的操作者，以下内容可以作为走禽类卵孵化、出雏和雏鸟饲养的一般性操作指导，但必须牢记的是，这一目鸟类，出自不同窝的卵，其卵壳的孔隙度是不同的。

卵的储存

正常情况下，雌鸟每天产卵，所以需要7天左右的时间收集足够的卵一起入孵和出雏，因此卵的储存方法很重要。卵应该侧面放置在盛有干沙子的盒子中，储存区的环境温度不高于15℃（60℉），平均湿度约为55%。较高的储存温度和湿度会对胚胎造成损害；同样，较低的储存温度和湿度也会造成问题。为方便日后查询，卵上应该标明产卵雌雄鸟的编号和产卵日期，储存期间应该每天翻两次卵。

鸵鸟

卵的平均尺寸		
	长度	150~158 毫米
	宽度	125~130 毫米
（卵不同大小因亚种和雌鸟年龄而异）		
	重量	1207~1525 克

人工孵化期		42~45 天
孵化	温度（空气流动型）	35.6 ~36.0℃
	湿度	41%
孵化	温度（空气静止型）	
	单层卵托盘	36℃ 30%

（环境湿度大的地区，孵化机内无水干燥运转）

从孵化到雏鸟的喙进入气室之前，多数卵的失重应该是15%。孵化大批卵时，选择 10 枚卵测量获得一个平均卵失重。

翻 卵

将卵侧面放置，每天手工翻卵 3~7 次。使用自动翻卵的孵化机，将卵侧面放置固定在篮子里或支架上，每小时转动90°角。如果卵是被侧面放置孵化，雏鸟的喙进入气室之前，进行额外的端对端翻卵也会很有好处。但如果是孵化大批卵，商业孵化场的大型孵化机中，卵是垂直放置在卵托盘中，托盘每小时翻转 90°。

出 雏

雏鸟的喙进入气室以后，将卵侧面放置在出雏机内，这时不需要翻卵。在较大的孵化机中卵从孵化到出雏采用单次过程，即所有的卵一次性入孵到孵化机内，然后在孵化机专门的容器中一起出壳，孵化机内部湿度在雏鸟的喙进入气室时会增加。

育 雏

将出壳的雏鸟放入育雏箱中，箱温 32.2℃（90℉），使雏鸟身上绒毛烘干。如果没有父母的照顾，这时幼鸟会很容易走失，所以雏鸟饲养围栏的面积不应该太大，地板上要铺上防滑垫。

美洲鸵

卵的平均尺寸	长度	117~136 毫米
	宽度	80~93 毫米
	重量	424~638 克
人工孵化期		35~40 天
孵化	温度（空气流动型）	36.0℃
	湿度	45%

从孵化到雏鸟的喙进入气室之前，多数卵的失重是15%。孵化大批卵时，选择10枚卵测量获得一个平均卵失重。

翻卵	与鸵鸟相同	
出雏	与鸵鸟卵相同	
出壳温度	出壳温度的设置低于孵化温度1℃	35.0℃
湿度		80%
育雏	雏鸟出壳以后移到箱温为32.2℃（90℉）的育雏箱中，使雏鸟身上的绒毛烘干，然后同鸵鸟雏鸟一样被放入一个饲养围栏中饲养，防止雏鸟走失。	

鸸鹋

卵的平均尺寸	长度	135 毫米
	宽度	92 毫米
	重量	662~756 克
人工孵化期		49~52 天

278

孵化	温度（空气流动型）	37.0℃
	湿度	30%

从孵化到雏鸟的喙进入气室之前，多数卵的失重为15%。孵化大批卵时，选择10枚卵测量获得一个平均卵失重。

翻卵	与鸵鸟相同	
出雏	与鸵鸟相同	
出壳温度	出壳温度的设置低于孵化温度1℃	36.0℃
湿度		80%
育雏	同鸵鸟	

鹤鸵

卵的平均尺寸	长度	120~150 毫米
	宽度	85~98 毫米
	重量	373~664 克
人工孵化期		52~63 天
孵化	温度（空气流动型）	36.0℃
	湿度	67%

从孵化开始到雏鸟的喙进入气室，卵失重应该为15%，翠绿的卵壳使在孵化过程中很难通过验卵了解卵的发育状况。

翻卵	与鸵鸟相同	
出雏	与鸵鸟相同	
出壳温度	出壳温度的设置低于孵化温度1℃	35.0℃
湿度		80%
育雏	同鸵鸟	

以上信息仅作为这些种类卵孵化要求的一般性指南。如果

计划做一个商业性孵化项目，应该与该领域的专家进行更深入细致的探讨。

鹦鹉类

鹦鹉类涉及以下几个类群：金刚鹦鹉（*Macaws*）、凤头鹦鹉（*Cokatoos*）、亚马孙鹦鹉（*Amazons*）、非洲鹦鹉（*African Parrots*）、新西兰鹦鹉（*New Zealand Parrots*）、小长尾鹦鹉（*Parakeets*）、吸蜜鹦鹉（*Lories*，*Lorikeets*）和美洲短尾鹦鹉（*Parrotlets*）。

近年来，人们已经意识到，世界范围内鹦鹉类物种的自然栖息地正在以惊人的速度消失。由于宠物贸易，使野外捕获的数量日益增加，因此导致了这些种类从原产国出口受到更加严格的限制。这也引起了圈养繁殖的重大转变，随之而来的是对人工孵化需求的增加。由于这些物种中有许多是珍稀濒危物种，因此增加这些物种的圈养种群数量就变得非常重要了。为了尽可能确保最佳孵化效果，卵失重和密度损失孵化技术正在被越来越多的人使用。

研究表明不同种鹦鹉类卵壳孔隙度是不同的，因此，在孵化期间需要经常监测和调整湿度水平，以确保卵的水分损失量到达预定的目标。

| 人工孵化 | 温度（空气流动型） | 36.8~37.0℃ |
| | 湿度 | 36%~44% |

（在环境湿度高的地区孵化时，最好让孵化机无水干燥运转，以获得最低的湿度，即使有些鸟类在其自然栖息地也可能会在高湿度环境下孵化。）

如果孵化机内部的湿度仍然高于可接受的相对湿度，就必须寻求其他降低湿度的方法。一种方法是降低孵化室的温度。要记住，温度越高，往往湿度可能就越高；如果无法降低孵化室内的温度，建议使用一台除湿机。除湿机实际上能提取空气中的湿气，并将其转化成水分保存在除湿机中。

洗卵是许多养殖者在卵入孵之前都会进行的。要记住，使用一种经充分试验证明效果好的消毒液非常重要，这样的消毒液现在市场上可以见到几种小包装，适合饲养数量有限的养殖者使用。一旦对卵进行清洗以后，卵壳上所有的抵抗细菌的天然保护，也会随之失去。因此在孵化过程中卵的小心处理非常重要。操作时应该戴手套，或者至少在操作之前应该用消毒液洗手，否则脏手或受污染的手会很快感染没有保护能力的卵。

鹦鹉卵可以使用不同的翻卵方式。卵可以侧面放置在滚轴上，在支撑杆之间可移动的底座上滚动，或者锐端向下垂直放置在塑料卵盘上，每次翻转 90°。

单独使用任何一种翻卵方法都不完美。如果卵在孵化过程中一直用侧面放置的水平翻卵，那么在破壳期，雏鸟在卵内旋转时，有可能转到错误的一端，而使它无法成功地出壳。许多养殖者现在采用在孵化期的前 10~15 天里，把卵侧面放在合适的滚轴上孵化，进行水平式翻卵，当卵内胎膜的生长已经达到卵的锐端时，再将卵锐端向下垂直放到塑料卵盘中，进行

90°的垂直式翻卵，直到观察到雏鸟的喙进入气室为止。这种方法的优点是既能保证雏鸟在顶破气室膜之前在卵内到达正确的位置，还可以用垂直放置方式同时孵化更多的卵。经验表明，金刚鹦鹉和凤头鹦鹉的卵需要从侧面的水平孵化开始，其他种类，如非洲灰鹦鹉，垂直放置的方式能使胚胎成功地转到喙进入气室的位置。人们认为金刚鹦鹉和凤头鹦鹉的卵黄比其他同类卵的卵黄小，如果从垂直放置的方式开始孵化会使卵膜生长困难。

| 出雏 | 温度 | 36.8~36.9℃ |
| | 湿度 | 65%~70% |

一旦雏鸟的喙刺破卵膜进入气室，就把它放到出雏机中的一个小敞口容器中，等待雏鸟破壳而出，身上干爽以后，就可以转移到育雏箱中了。

用一个底部被切掉的塑料冰激凌盒可以把刚出壳的雏鸟围拢在出雏机中的一个区域内。（超市使用的塑料水果篮也能起到同样的作用，而用它做围挡的优点是四周围已经有了很多孔洞，便于通风。）但需要确保被切完的塑料盒没有锋利的边缘。这种自制小围栏用在出雏机中时，也能使不同种类的卵同时出壳时不会混在一起。

企鹅

许多饲养企鹅的动物园和野生动物园现在希望它们能在群

体中繁殖，但迄今为止还没有太多的有关圈养企鹅繁殖公开发表的经验作为参考。对于那些正开始人工孵化的饲养者来说，这里所叙述的只是一个一般性指导，更多的操作细节还需要从有成功繁殖经验的人那里获得。

人工孵化　　　　　　孵化期在 31~56 天

　　　　　　　　（具体的孵化期见附录Ⅰ）

孵化　　　温度（空气流动式）　　36.5℃

　　　　　湿度　　　　　　　　　60%

卵失重　　应该在 15% 左右

在孵化时发现帝企鹅卵，如果用优质家禽卵清洗液洗去卵壳最外层的护膜，卵壳孔隙度的通透性会增加 16%，这对于今后厚壳卵的孵化是一个很有用的方法，可以确保卵壳上气孔保持与外界高效的气体交换功能，从而达到需要的卵失重率和成功的孵化效果。

翻　卵

翻卵可能是企鹅卵成功孵化所需的最重要的一个因素。不同于火鸡卵和其他大小相似种类的卵，企鹅卵内的蛋白比蛋黄量更多，根据以往的经验，这样的卵在孵化时需要更频繁地翻卵。

在使用自动翻卵的孵化机时，卵是呈侧面水平放置，固定在一个篮子或架子上，每小时转动 90°，此外每枚卵每天手工端对端翻转 7 次。这种额外的翻卵，在孵化洪堡企鹅卵时发现是很有效的。卵应该放在孵化机中的旋转滚轴上而不是托盘中，保证每个滚轴的直径足够大，以确保卵每次至少翻转 180°。

出　雏

雏鸟的喙进入气室以后，把卵移到空气流动型出雏机中呈侧面放置，这时不需要再翻卵。出雏机内温度设定在 36.0℃，相对湿度是 60%。待雏鸟出壳身体被烘干以后，转移到育雏箱中，育雏箱温度为 35.0℃，在以后的 6 天里箱温每天降低 1℃。

猛　禽

猛禽这个术语包含了所有的隼（Falcons）、中型猛禽（Hawks）、猫头鹰（Owls）、大型猛禽（Eagles）。作为一个大的类群，它们的卵在孵化和出雏时都需要类似的方法。卵的新鲜度一直是一个重要的影响因素，产卵日期和储存日期信息应该被仔细监测和记录下来。在孵化之前的储存过程中，卵应该做好标记侧面放置等待孵化。

卵应该每天翻转两次，每次翻转 180°，卵的储存温度在 12.5℃左右。如果卵壳上带有粪便等污物，可以用细砂纸轻轻打磨去除，如果污染较为严重，可以用禽蛋用清洗液清洗。但是要记住，一旦卵壳外的保护层（雌鸟产卵时，在卵壳外形成的一层天然保护层）被洗掉，卵就会暴露在周围充满细菌的环境中，因此在这之后对卵做处理时最好戴上手套。

人工孵化	特定种类的孵化期见附录 I	
孵化	温度（空气流动型孵化机）	37.5℃
	湿度	40%~45%
	（薄壳卵：灰背隼（*Falco columbarius*），	
	红隼（*Falco tinnunculus*），猫头鹰）	
	湿度	50%
出雏	温度（空气流动型）	36.5℃
	湿度	66%

　　以上的温度和湿度只是一个一般性指南，因为许多饲养繁育者现在使用卵失重法来判断孵化过程中所需的湿度。一旦雏鸟的喙进入气室，卵就被转移到出雏机中。对于大多数物种来说，从雏鸟开始在卵内破壳到出壳的时间一般在36~48小时，但个别卵可能会延迟到72小时左右。出壳时间小于24小时或多于80小时通常意味着雏鸟在出壳以后可能会出现问题。一旦观察到卵壳开始破碎，就不应该再去干扰它，等待雏鸟完全出壳。

　　尽量不去过早地人为帮助雏鸟出壳，因为在出壳过程中，由于人为因素引起的雏鸟受伤的概率比其他因素都高。雏鸟出壳以后，在脐部撒一些抗生素粉，立即将它转移到温度保持在36.5℃的育雏箱的中心区。如果雏鸟感觉热了，可以自己移动到温度稍低的区域。育雏箱地板必须铺垫粗糙和防滑材料，可以防止由于地面滑而导致劈腿。

爬行动物

与鸟类不同，爬行动物的卵在孵化时不需要翻卵，而且卵孵化过程中要求的孵化温度较低。温度和湿度是人工孵化爬行动物卵时最重要的因素，在一些种类中，孵化温度可以决定个体的性别。为了成功地孵化，能长期保持设定温湿度水平的孵化机才能达到好的孵化效果。使用一台最新型自动控湿的空气流动型孵化机就可以实现。

这部分涵盖了一系列种类，包含水龟（Turtles）、陆龟（Tortoise）、蜥蜴类（Lizards）、蛇类（Snakes）和鳄鱼类（Crocdiles）。由于在每一个目中有许多种类，这里不可能覆盖每一个物种，所以作为这一类动物孵化的一般性指导，只选取了其中有代表性的部分作为参考。大多数饲养繁殖者孵化时一般做法是把爬行动物的卵放在一个塑料容器里，盖上有孔的盖子，让一些空气能进入到容器中，但容器中仍保持一个较高的湿度。然后将塑料容器放入一台孵化机中，机器保持80%左右的相对湿度。

卵被放置在有不同基质的容器中，基质的种类取决于孵化者的选择和该物种相关的自然环境。蛭石、泥炭苔或沙子是常用的材料。由于爬行动物的卵通常在孵化过程中体积会增大，所以卵埋在基质中的深度大约为卵长轴的三分之一，卵之间间隔2~3厘米。孵化之前在基质中添加一定量的水，使容器中具有初始湿度。孵化期间如果基质变干，可以往基质上喷洒额外的无菌温水。

丽吻彩龟（*Trachemys callirostris*）

孵化期		56~72 天
建议使用的基质		蛭石与水 2 : 1 混合
孵化	温度	28. 0~29. 0℃
	湿度	80%
雌雄比例		1 : 1

出壳以后，将幼龟放入单独的温暖、湿润、有遮挡的容器中，直到1至7天以后，卵黄囊被完全吸收，然后将幼龟移到饲养箱中。

加拉帕戈斯陆龟（*Chelonoidis nigra*）

孵化期		91~112 天
建议使用的基质	蛭石和泥炭苔藓按 1 : 1 的比例混合，略微湿润，卵大约一半埋 在基质中，卵间隔4厘米	
孵化	温度	27. 0~29. 0℃
	湿度	80%

卵在这个温度范围内孵化会产生两种性别的后代。幼龟出壳以后，转移到有一半遮挡区域的饲养箱中，箱温在28. 0~30. 0℃，用瓦楞纸铺垫在箱底部，这样使空气能在幼龟胸甲下面循环，有助于卵黄的吸收。幼龟大约在出壳5天内开始进食。

苏卡达陆龟（*Centrochelys sulcata*）

孵化期		81~170 天
建议使用的基质	蛭石和水以重量为单位按 2：1 混合。卵的三分之一埋在基质 中，卵间隔 2~3 厘米	
孵化	温度	29.0~32.0℃
	湿度	80%

　　出壳后将每只幼龟单独放在一个有遮挡、光线很暗，有加热装置的容器中，直到卵黄囊被完全吸收。这段时间里将幼龟放在湿纸巾上，有助于避免幼龟的卵黄囊受损伤。当卵黄囊完全吸收以后，将幼龟们转移到一个有温度的饲养箱中，箱子的一端温度为 28.0℃，这样使幼龟能在箱中自己选择合适的温度区域。

豹纹陆龟（*Stigmochelys pardalis*）

孵化期		155~176 天
建议使用的基质	湿润的沙子（只有沙子完全干燥以后才洒水进行湿润）	
孵化	温度	27.0~30.0℃
	湿度	80%

　　幼龟在完全出壳前的 1~2 天，可以看到幼龟的喙刺破卵胎膜进入气室，卵黄囊通常在 4~6 天内被吸收。将孵化出的幼龟放入一个容器中，容器的底物垫有湿泥炭，容器内一端加

热至 35.0℃ ，另一端加热至 22.0℃ 。

纳米布壁虎（*Pachydactylus rangei*）

孵化期		70 天
建议使用的基质	蛭石与水混合，以重量为单位，按 4 ∶ 1 混合	
孵化	温度	28.0~32.0℃
	湿度	55%~60%

　　幼壁虎一孵化出来就开始蜕皮，所以应该让它留在孵化机中直到完成整个蜕皮过程。应该注意的是，在幼壁虎生命的早期阶段，不要给它们太多的压力。幼壁虎孵化出壳 2~3 天后开始进食。

斐济冠状鬣蜥（*Brachylophus vitiensis*）

孵化期		147~210 天
建议使用的基质	略微湿润的蛭石或泥炭苔藓，卵之间间隔 4cm 放置在基质上面	
孵化	温度	27.0~30.0℃
	湿度	65%~75%

　　将幼蜥放到有一半遮挡区域的容器中，直到卵黄囊完全被吸收。

西印度岩鬣蜥（*Cyclura*）

孵化期		98 天
建议使用的基质	蛭石，保持湿润	
孵化	温度	28.0~30.0℃
	湿度	75%~80%

卵大约孵化两周左右可以观察到卵是否受精。一旦发现发霉或不受精的卵必须马上从容器中取出。出壳的幼鬣蜥应该马上放入有一半遮挡区域的饲养箱子中，直到卵黄囊完全吸收。5 天以后可以增加箱内的光照并喂食。

科莫多巨蜥（*Varanus komodoensis*）

孵化期		145 天
建议使用的基质	瓦楞纸、沙子/泥炭块。一个成功的方法是将每枚卵分别放入一个盛有泥炭块的小碗中。卵孵化两周左右可以观察到是否受精	
孵化	温度	28.0℃
	湿度	80%~85%

岩蟒（*Python sebae*）

孵化期		76~88 天
建议使用的基质	湿润的蛭石	
孵化	温度	30.0℃
	湿度	80%

美国短吻鳄（*Alligator mississippiensis*）

孵化期	2~3 月
建议使用的基质	湿润的蛭石
孵化	可以通过改变孵化温度，控制幼鳄的性别，如果卵在 29.0~30.0℃ 范围孵化，多数个体为雌性，如果孵化温度在 33.0~34.0℃ 时，孵化出的个体则多数为雄性

温度决定性别的关键期是孵化早期。从孵化第 7 天到第 21 天期间，孵化温度过高或过低，即温度高于 34.0℃ 或低于 27.0℃，都可能导致孵化的失败。

湿度	85%

出壳后的幼鳄被移到塑料容器中，容器内要有缓坡，少量的水覆盖大约三分之一的容器底部。幼鳄卵黄囊吸收完以后，大约在 3 周左右开始进食。

如前所述，以上信息仅供参考，如果对这些种类的繁育感兴趣，可以联系当地的爬行动物学专家或动物组织以获得进一步的指导。

附录 I

孵化期

物种按字母顺序排列

鹌鹑	天数	鹌鹑	天数
棕三趾鹑 *T. suscitator*	22~23	丛林鹑 *P. asiatica*	21
须林鹑 *D. barbatus*	28~30	彩鹑 *C. montezumae*	24~25
黑喉齿鹑 *C. nigrogularis*	24	红嘴林鹑 *P. erythrorhyncha*	21
山齿鹑 *C. virginianus*	22	黑胸鹌鹑 *C. coromandelica*	18~19
褐鹌鹑 *Synoicus. ypsilophorus*	18	鳞斑鹑 *C. squamata*	22~23
环颈斑鹑 *C. californica*	22~23	斑翅林鹑 *O. capueira*	26~27
蓝胸鹑 *C. chinesnsis*	16	澳洲鹌鹑 *C. pectoralis*	18~21
冠齿鹑 *C. cristatus*	23	**鸨**	
华丽翎鹑 *C. douglasii*	22	大鸨 *O. tarda*	25~28
西鹌鹑 *C. coturnix*	17~20	小鸨 *T. tetrax*	20~21
黑腹翎鹑 *C. gambelii*	22	波斑鸨 *C. undulata*	20~21
花脸鹌鹑 *C. delegorguei*	16~18	**鹑，鹧鸪**	
鹌鹑 *C. japonica*	18	北非石鸡 *A. barbara*	25

续表

鹑，鹧鸪	天数	鹑，鹧鸪	天数
黑鹑 M. nigar	18~19	高原山鹑 P. hodgesoniae	24~26
褐胸山鹧鸪 A. brunneopectus	26	白颊山鹧鸪 A. atrogularis	20~21
灰胸竹鸡 B. thoracica	18	**佛法僧**	
石鸡 A. chukar	23	蓝胸佛法僧 Coracias garrulus	18~19
环颈山鹧鸪 A. torqueola	24	**鹳**	
红头林鹧鸪 H. sanguiniceps	18~19	黑鹳 C. nigra	30~35
斑翅山鹑 P. dauuricae	26	锤头鹳 S. umbretta	30
锈红林鹧鸪 C. oculea	18~20	非洲秃鹳 L. crumenifer	30
灰山鹑 P. perdix	23~25	钳嘴鹳 A. oscitans	24~25
棕腹山鹧鸪 A. javanica	24	**鹤**	
长嘴山鹑 R. longirostris	18~19	澳洲鹤 G. rubciunda	35~36
马岛鹑 M. madagascariensis	16~18	黑颈鹤 G. nigricollis	31~33
棕胸竹鸡 B. fytchii	18~19	沙丘鹤 G. canadensis	27
红腿石鸡 A. rufa	23~25	灰鹤 G. grus	28~31
欧石鸡 A. graeca	24~26	戴冕鹤 Balearica	28~31
冕鹧鸪 R. roulroul	18	蓑羽鹤 A. virgo	27~30
红喉山鹧鸪 A. rufogularis	20~21	丹顶鹤 G. japonensis	30~34
沙鹑 A. heyi	21	赤颈鹤 G. antigone	28
漠鹑 A. griseogularis	21	白鹤 G. leucogeranus	29
石鹑 P. petrosus	22	蓝蓑羽鹤 A. paradisea	29~30
苏门答腊鹧鸪 A. sumatrana	24	肉垂鹤 B. carunculatus	35~40

鹤	天数	鸻鹬	天数
白枕鹤 *G. vipio*	28~32	扇尾沙锥 *G. gallinago*	20
美洲鹤 *G. americana*	30	红脚鹬 *T. totanus*	23~24
鸻		流苏鹬 *P. pugnax*	27
黑斑沙鸻 *C. thoracicus*	24~25	非洲琵鹭 *P. alba*	23~24
灰鸻 *P. squatarola*	23	白琵鹭 *P. leucorodia*	25
黑背麦鸡 *V. armatus*	26	青脚滨鹬 *C. temminckii*	20
冕麦鸡 *V. coronatus*	25	中杓鹬 *N. phaeopus*	27
新西兰鸻 *C. obscurus*	21	反嘴鹬	
欧亚金鸻 *P. apricaria*	30	褐胸反嘴鹬 *R. americana*	22~24
铁嘴沙鸻 *C. leschenaultii*	23~25	反嘴鹬 *R. avosetta*	22~24
环颈鸻 *C. alexandrinus*	24	杓鹬	
双领鸻 *C. vociferus*	28	白腰杓鹬 *N. arquata*	29
基氏沙鸻 *C. pecuarius*	23~26	长嘴杓鹬 *N. americanus*	30
凤头麦鸡 *V. vanellus*	24~26	石鸻 *B. oedicnemus*	28
金眶鸻 *C. dubius*	22	塍鹬	
笛鸻 *C. molodus*	27~31	斑尾藤鹬 *L. lapponica*	24
剑鸻 *C. hiaticula*	22	黑尾藤鹬 *L. limosa*	24
白颈麦鸡 *V. milles*	22~24	云斑藤鹬 *L. fedoa*	24
肉垂麦鸡 *V. indicus*	30~32	棕藤鹬 *L. haemastica*	24
鸻鹬		鹮	
黑翅长脚鹬 *H. himantopus*	24~27	隐鹮 *G. eremita*	26~32

鹮	天数	鹭	天数
黄嘴琵鹭 *P. falcinellus*	21	夜鹭 *N. nycticorax*	21~22
噪鹮 *B. hagedash*	26	草鹭 *A. purpurea*	26
朱鹮 *N. nippon*	30	栗虎鹭 *T. lineatum*	31~34
黑头白鹮 *T. melanocephalus*	23~25	白翅黄池鹭 *A. ralloides*	22~24
美洲红鹮 *E. ruber*	21~23	三色鹭 *E. tricolor*	21
非洲白鹮 *T. aethiopicus*	28~29	白背夜鹭 *N. leuconotus*	24~26
几维		白脸鹭 *E. novaehollandiae*	24~26
北岛褐几维 *A. mantelli*	75~80	黄冠夜鹭 *N. violacea*	21~25
鹭		牛背鹭 *B. ibis*	24
黑头鹭 *A. melanocephala*	25	大白鹭 *A. alba*	25
蓝嘴黑顶鹭 *P. pileatus*	26~27	中白鹭 *A. intermedia*	21
池鹭 *A. bacchus*	18~22	小白鹭 *E. garzetta*	21~25
黑冠白颈鹭 *A. cocoi*	24~26	**猫头鹰**	
岩鹭 *E. sacra*	25~28	仓鸮 *T. alba*	32~34
巨鹭 *A. goliath*	28	美洲雕鸮 *B. virginianus*	35
大蓝鹭 *A. herodias*	28	猛鸮 *S. ulula*	26~30
苍鹭 *A. cinerea*	25~26	红脚鸮 *O. sunia*	24~25
印度池鹭 *A. grayii*	24	雪鸮 *B. scandiacus*	33~36
栗头鸦 *G. goisagi*	17~20	灰林鸮 *S. aluco*	28~30
小蓝鹭 *E. caerulea*	21~23	**猛禽**	
马岛池鹭 *A. idae*	20	**鹫**	

鵟	天数	雕	天数
普通鵟 *B. buteo*	33~38	白尾海雕 *H. albicilla*	34~42
东方蜜蜂鵟 *P. ptilorhynchus*	30~35	**隼**	
棕尾鵟 *B. rufinus*	28	艾氏隼 *F. eleonorae*	28
毛脚鵟 *B. lagopus*	31	矛隼 *F. rusticolus*	35
巨隼		地中海隼 *F. biarmicus*	32~35
凤头巨隼 *P. plancus*	28	草原隼 *F. mexicanus*	31
雕		猎隼 *F. cherrug*	30
非洲冠雕 *S. coronatus*	49	**鹞**	
非洲海雕 *H. vocifer*	44~45	白尾鹞 *C. cyaneus*	29~31
白头海雕 *H. leucocephalus*	35	白头鹞 *C. aeruginosus*	31~38
短尾雕 *T. eraudatus*	42~43	乌灰鹞 *C. pygargus*	27~30
林雕 *I. malaiensis*	43~46	草原鹞 *C. macrourus*	29~30
白腹隼雕 *A. fasciata*	37~40	**鹰**	
靴隼雕 *H. pennatus*	36~38	红尾鵟 *B. jamaicensis*	28~32
金雕 *A. chrysaetos*	43~45	苍鹰 *A. gentilis*	35~38
白肩雕 *A. heliaca*	43	雀鹰 *A. nisus*	30~31
小乌雕 *C. pomarina*	38~41	燕隼 *F. subbuteo*	28~31
猛雕 *P. bellicosus*	45	鹗 *P. haliaetus*	35~38
短趾雕 *C. gallicus*	45~47	美洲隼 *F. sparverius*	28~29
乌雕 *C. clanga*	42~44	**鸢**	
草原雕 *A. nipalensis*	64~66	黑翅鸢 *E. caeruleus*	25~28

续表

鸢	天数	企鹅	天数
栗鸢 H. indus	26~27	南美企鹅 S. megellanicus	38~42
赤鸢 M. milvus	31~32	凤头黄眉企鹅 E. chrysocome	32~34
鹫		白颊黄眉企鹅 E. schlegeli	32~34
胡兀鹫 G. barbatus	55~60	斯岛黄眉企鹅 E. robustus	31~37
黑头美洲鹫 C. atratus	55	黄眼企鹅 M. antipodes	45
白兀鹫 N. percnopterus	42	**水雉**	
西域兀鹫 G. fulvus	52	美洲水雉 J. spinosa	22~25
王鹫 S. papa	56~58	**松鸡**	
非洲白背兀鹫 G. africanus	50	黑琴鸡 T. tetrix	26~27
企鹅		蓝镰翅鸡 D. obscurus	24~25
阿德利企鹅 P. adeliae	33~38	花尾榛鸡 B. bonasia	25
纹颊企鹅 P. antarctica	34~40	披肩榛鸡 B. umbellus	24
帝企鹅 P. forsteri	62~64	艾草榛鸡 C. urophasianus	25~27
黄眉企鹅 E. pachyrhynchus	31~36	尖尾松鸡 T. phasianallus	24~25
加岛企鹅 S. mendiculus	38~42	枞树镰翅鸡 F. canadensis	21
白眉企鹅 P. papua	31~39	红松鸡 L. l. scotica	21~22
秘鲁企鹅 S. humboldti	36~42	黑嘴松鸡 T. parvirostris	24
南非企鹅 S. demersus	38	松鸡 T. urogallus	24~28
王企鹅 A. patagonicus	51~57	**草原鸡**	
小企鹅 E. minor	33~37	草原松鸡 T. cupido	24~25
长眉企鹅 E. chrysolophus	33~40	小草原松鸡 T. pallicidinctus	25~26

续表

雷鸟	天数	鸭	天数
岩雷鸟 *L. muta*	21	非洲黑鸭 *A. sparsa*	28
白尾雷鸟 *L. leucura*	22~23	美洲潜鸭 *M. americana*	26
雪鸡		灰鸭 *A. gracilis*	26
暗腹雪鸡 *T. himalayensis*	27~28	澳洲潜鸭 *A. australis*	26
藏雪鸡 *T. tibetanus*	27~28	青头潜鸭 *A. baeri*	27
鹈鹕		白脸针尾鸭 *A. bahamensis*	26
褐鹈鹕 *P. occidentalis*	28~29	花脸鸭 *A. formosa*	26
美洲鹈鹕 *P. erythrorhynchus*	29~30	巴氏鹊鸭 *B. islandica*	30
天鹅		黑海番鸭 *M. nigra*	28
大天鹅欧洲亚种 *C. c. bewickii*	30	蓝翅鸭 *A. discors*	26
黑天鹅 *C. atratus*	36	巴西凫（fu）*A. brasiliensis*	26
黑颈天鹅 *C. melancoryphus*	36	铜翅鸭 *S. specularis*	30
扁嘴天鹅 *C. coscoroba*	35	帆布潜鸭 *A. valisineria*	26
疣鼻天鹅 *C. olor*	37	绿翅灰斑鸭 *A. capensis*	26
黑嘴天鹅 *C. buccinator*	33	棕胸麻鸭 *T. tadornoides*	26
啸天鹅 *C. c. columbianus*	36	斑头鸭 *A. flavirostris*	26
大天鹅 *C. cygnus*	33	黑白斑胸鸭 *A. sibilatrix*	26
笑翠鸟		斑嘴鸭 *A. zonorhyncha*	24
蓝翅笑翠鸟 *D. leachii*	23~24	桂红鸭 *A. cyanoptera*	26
笑翠鸟 *D. novaeguineae*	25	瘤鸭 *S. melanotos*	30

续表

鸭	天数	鸭	天数
琵嘴鸭 A. clypeata	26	棕肋秋沙鸭 L. cucullatus	28
白眼潜鸭 A. nyroca	26	南非鸭 A. hottentota	25
冠鸭 L. specularioides	30	栗树鸭 D. javanica	28
西印度树鸭 D. arborea	30	凯岛针尾鸭 A. eatoni	26
欧绒鸭 S. mollissima	27	莱岛鸭 A. laysanensis	28
鹊鸭 B. clangula	28	小潜鸭 A. affinis flavirostris	27
红头潜鸭 A. ferina	27	翘鼻麻鸭 T. tadorna	30
赤颈鸭 M. penelope	26	斑头秋沙鸭 M. albellus	28
尖羽树鸭 D. eytoni	30	斑嘴潜鸭 N. erythrophthalma	26
罗纹鸭 A. falcata	26	白眶绒鸭 S. fischeri	24
北美斑鸭 A. fulvigula	28	细斑树鸭 D. guttata	31
茶色树鸭 D. bicolor	28	凤头潜鸭 A. fuligula	26
赤膀鸭 A. strepera	26	银鸭 A. versicolor	30
白眉鸭 A. querqudula	24	斑胸树鸭 D. arcuata	30
普通秋沙鸭 M. merganser	30	白脸树鸭 D. viduata	28
斑背潜鸭 A. marila	28	白翅苏格兰鸭 M. deglandi	28
绿翅鸭 A. carolinensis	25	非洲黄嘴鸭 A. undulata	27
太平洋黑鸭 A. superciliosa	28	**雁**	
丑鸭 H. histrionicus	30	蓝翅雁 C. cyanoptera	31
黑头鸮 P. hartlaubii	32	黑翅草雁 C. melanoptera	30
夏威夷鸭 A. wyvilliana	28	灰头草雁 C. poliocephala	30

299

雁	天数	雁	天数
黑雁 B. bernicla	23	鸿雁 A. cygnoides	28
斑头雁 A. indicus	28	豆雁 A. f. fabalis	28
白颊黑雁 B. leucopsis	28	灰雁 A. ancr	28
黑雁 B. bernicla	23	白额雁 A. albifrons	26
加拿大黑雁 B. canadensis	28	**鹦鹉**	
澳洲灰雁 C. novaehollandiae	35	非洲灰鹦鹉 P. erithacus	28
灰雁 A. anser	28	安汶王鹦鹉 A. amboinensis	20
埃及雁 A. aegyptiaca	30	澳洲王鹦鹉 A. scapularis	20~21
帝雁 C. canagica	25	蓝帽鹦鹉 N. haematogaster	19
夏威夷黑雁 B. sandvicensis	29	蓝头鹦哥 P. menstruus	24~27
白草雁 C. hybrida	32	褐头鹦鹉 P. cryptoxanthus	26
小白额雁 A. erythropus	25	红胁绿鹦鹉 E. roratus	28
斑胁草雁 C. picta	30	金肩鹦鹉 P. chrysopterygius	19
绿翅雁 N. jubata	30	绿翅王鹦鹉 A. chloropterus	20
粉脚雁 A. brachyrhynchus	28	鹰头鹦哥 D. accipitrinus	28
红胸黑雁 B. ruficollis	25	非洲红额鹦鹉 P. gulielmi	25~26
细嘴雁 A. rossii	23	褐鹦鹉 P. meyeri	24~25
棕头草雁 C. rubidiceps	30	极乐鹦鹉 P. pulcherrimus	21
豆雁 A. fabalis	28	彼氏鹦鹉 P. fulgidus	26~29
雪雁 A. caerulescens	25	红顶鹦哥 P. pileata	24
距翅雁 P. gambensis	32	公主鹦鹉 P. alexandrae	20

鹦鹉	天数	葵花鹦鹉	天数
岩鹦鹉 P. petrophila	18	蓝眼凤头鹦鹉 C. ophthalmica	30
塞内加尔鹦鹉 P. senegalus	24~25	黑凤头鹦鹉 C. funereus	28
红顶鹦鹉 P. spurius	23	粉红凤头鹦鹉 E. roseicapilla	22~24
靓鹦鹉 P. swainsonii	20	红冠灰凤头鹦鹉 C. fimbriatum	30
Psittacus. timneh	26	辉凤头鹦鹉 C. lathami	29
白冠鹦哥 P. senilis	26~28	戈氏凤头鹦鹉 C. goffiniana	25
短尾鹦鹉		大葵花鹦鹉 C. g. galerita	27~28
斯里兰卡短尾鹦鹉 L. beryllinus		米切氏凤头鹦鹉 L. leadbeateri	26
红脸果鹦鹉 C. diophthalma	19	小葵花鹦鹉 C. sulphurea	24~25
菲律宾短尾鹦鹉 L. philippensis	18~19	橙冠凤头鹦鹉 C. moluccensis	28~29
萨氏果鹦鹉 P. salvadorii	20	棕树凤头鹦鹉 P. aterrimus	28~30
短尾鹦鹉 L. vernalis	22	菲律宾凤头鹦鹉 C. haematuropygia	24
摩鹿加短尾鹦鹉 L. amabilis	17	红尾凤头鹦鹉 C. banksii	30
澳洲鹦鹉		长嘴凤头鹦鹉 C. tenuirostris	23~24
鸡尾鹦鹉 N. hollandicus	18~20	白凤头鹦鹉 C. alba	28
啄羊鹦鹉		**鹦哥**	
啄羊鹦鹉 N. notabilis	28~29	蓝冠鹦哥 A. acuticaudata	23
葵花鹦鹉		蓝喉鹦哥 P. cruentata	24~26
小凤头鹦鹉 C. sanguinea	23~24	褐喉鹦哥 A. pertinax	23

鹦哥	天数	吸蜜鹦鹉（长尾）	天数
暗头鹦哥 *A. weddellii*	23	彩虹鹦鹉 *T. haematodus*	25~26
绿颊鹦哥 *P. molinae*	22~24	杂色鹦鹉 *P. versicolor*	22
黑头鹦哥 *N. nenday*	21~23	**吸蜜鹦鹉（短尾）**	
橙额鹦哥 *A. canicularis*	30	黑鹦鹉 *C. atra*	25~27
穴鹦哥 *C. patagonus*	24~25	黑顶鹦鹉 *L. lory*	24
珠色鹦哥 *P. perlata*	25	蓝冠鹦鹉 *V. australis*	23
黄金鹦哥 *A. solstitialis*	28	喋喋吸蜜鹦鹉 *L. garrulus*	28
白耳鹦哥 *P. l. leucotis*	27	绿领鹦鹉 *P. solitarius*	30
吸蜜鹦鹉（长尾）		烟色鹦鹉 *P. fuscata*	24
仙鹦鹉 *C. pulchella*	25	黄额褐鹦鹉 *C. duivenbodei*	24
戈氏鹦鹉 *P. goldiei*	24	华丽鹦鹉 *T. ornatus*	27
红喉绿鹦鹉 *T. jahnstoniae*	21~23	巴布亚鹦鹉 *C. papou*	21
姬鹦鹉 *G. pusilla*	22	彩虹吸蜜鹦鹉 *T. moluccanus*	25~26
彩虹澳洲鹦鹉 *T. h. massena*	23~26	蓝鹦鹉 *V. peruviana*	25
褐鹦鹉 *P. meyeir*	23~24	紫颈吸蜜鹦鹉 *E. squamata*	27
红耳绿鹦鹉 *G. concinna*	25	**情侣鹦鹉**	
华丽鹦鹉 *T. ornatus*	26~28	黑脸牡丹鹦鹉 *A. nigrigensis*	24
紫顶鹦鹉 *G. porphyrocephala*	22	黑翅牡丹鹦鹉 *A. taranta*	25
蓝脸鹦鹉 *C. placentis*	25	费氏牡丹鹦鹉 *A. fischeri*	23
鳞胸鹦鹉 *T. chlorolepidotus*	23	灰头牡丹鹦鹉 *A. canus*	23
巴布亚鹦鹉 *C. papou*	26~27	黄领牡丹鹦鹉 *A. personatus*	23

鹦哥	天数	小长尾鹦鹉	天数
尼亚牡丹鹦鹉 *A. lilianae*	22	淡黄翅鹦哥 *B. versicolorus*	26
桃脸牡丹鹦鹉 *A. roseicollis*	23	大紫胸鹦鹉 *P. derbiana*	26
红脸牡丹鹦鹉 *A. pullarius*	22	蓝眉鹦鹉 *N. elegans*	18
金刚鹦鹉		长尾鹦鹉 *P. longicauda*	24
琉璃金刚鹦鹉 *A. ararauna*	26	马拉巴鹦鹉 *P. columboides*	23
大绿金刚鹦鹉 *A. ambiguus*	26~27	红胸鹦鹉 *P. alexandri*	25~26
蓝喉金刚鹦鹉 *A. glaucogularis*	26	橙腹鹦鹉 *N. chrysgaster*	20~21
栗额金刚鹦鹉 *A. severus*	28	灰胸鹦哥 *M. monachus*	23
小金刚鹦鹉 *A. chloropterus*	26	红额鹦鹉 *C. novaezelandiae*	20
紫蓝金刚鹦鹉 *A. hyacinthinus*	26~28	红腰鹦鹉 *P. haematonotus*	20
蓝翅金刚鹦鹉 *P. maracana*	26~27	红领绿鹦鹉 *P. krameri*	23~24
军金刚鹦鹉 *A. militaris*	26	岩鹦鹉 *N. petrophila*	18
红腹金刚鹦鹉 *O. manilata*	25	灰顶鹦哥 *P. aymara*	28
红额金刚鹦鹉 *A. rubrogenys*	26	红胁鹦鹉 *N. splendida*	18
红肩金刚鹦鹉 *D. nobilis*	24	红尾绿鹦鹉 *L. discolor*	20
金刚鹦鹉 *A. macao*	26	绿宝石鹦鹉 *N. pulchella*	18
金领金刚鹦鹉 *P. auricollis*	26	黄额鹦鹉 *C. auriceps*	20
小长尾鹦鹉		**噪鸦**	
阿历山大鹦鹉 *P. eupatria*	26~27	松鸦 *G. glandarius*	16~17
横斑鹦哥 *B. lineola*	18	北噪鸦 *P. infaustus*	18~20
伯氏鹦鹉 *N. bourkii*	18		

303

雉类	天数	雉类	天数
血雉 *I. cruentus*	28	大眼斑雉 *A. argus*	24～25
蓝马鸡 *C. auritum*	26～28	绿孔雀 *P. muticus*	28
蓝孔雀 *P. cristatus*	28	灰孔雀雉 *P. bicalcaratum*	22
灰腹角雉 *T. blythi*	28	藏马鸡 *C. harmani*	26～27
加里曼丹孔雀雉 *P. schleiermacheri*	22	棕尾虹雉 *L. impejanus*	28
褐马鸡 *C. mantchuricum*	26～27	黑颈长尾雉 *S. humeae*	27～28
铜尾孔雀雉 *P. chalcurum*	22	皇鹇 *L. imperialis*	25
鳞背鹇 *L. bulweri*	25	绿雉 *P. versicolor*	24～25
黄腹角雉 *T. caboti*	28	黑鹇 *L. leucomelanos*	23～25
彩雉 *C. wallichi*	26	勺鸡 *P. macrolopha*	21～22
环颈雉 *P. colchicus*	24～25	白腹锦鸡 *C. amherstiae*	23
刚果孔雀 *A. congensis*	28	马来西亚孔雀雉 *P. malacense*	22
铜长尾雉 *S. soemmerringi*	24～25	黑长尾雉 *S. mikado*	26～28
冠眼斑雉 *R. ocellata*	25	山孔雀雉 *P. inopinatum*	22
凤冠火背鹇 *L. ignita*	24	巴拉望孔雀雉 *P. napoleonis*	18～19
棕尾火背鹇 *L. erythrophthalma*	23～24	白冠长尾雉 *S. reevesi*	24～25
爱氏鹇 *L. swinhoii*	22～23	黑尾鹇 *L. inornata*	22
白颈长尾雉 *S. ellioti*	25	红胸角雉 *T. satyra*	28
眼斑孔雀雉 *P. germaini*	22	戴氏火背鹇 *L. diardi*	24～25
红腹锦鸡 *C. pictus*	23	白鹇 *L. nycthemera*	25

续表

雉类	天数	雉类	天数
蓝鹇 *L. swinhoii*	25	蓝喉原鸡 *G. lafayettii*	20~21
红腹角雉 *T. temminckii*	28	绿原鸡 *G. varius*	21
黑头角雉 *T. melanocephalus*	28	灰原鸡 *G. sonneratii*	20~21
白马鸡 *C. crossoptilon*	24	原鸡 *G. gallus*	19~21

可以注意到表中的某些种类，给出的孵化期有几天的变化范围，这可能有多种原因。

第一，我们都知道人类婴儿从受孕到出生的时间也存在明显不同，所以鸟类卵的孵化期存在着多样性也就不足为奇了。

第二，对于一些种类来说，近代的孵化数据非常有限，同时这可能是由于那时使用的孵化机，热量输出不如现在的孵化机那么稳定。卵在稍低的温度下孵化可能需要多一天或更长时间才能孵化出壳。此外，如果孵化室的室温总是频繁地上下波动，老式的孵化机并不能总是保持一个不变的孵化温度。因此，一台温度不稳定的低效孵化机，是可以因所处孵化室温度的变化，使卵的孵化期发生变化的。

第三，有些鸟卵，如某些鸡形目鸟类的卵，如果使用抱窝鸡孵化，母鸡通常会在雏鸡孵出壳以后仍然让雏鸡留在腹下一天，等待它们的绒毛干爽，同时用叫声互相交流，所以直到第 2 天人们才能看到小鸡，因此，同一物种的卵如果在孵化机中孵化，出壳日期似乎会提前一天，因为雏鸟一出壳就能被看到，而由雌鸟或母鸡自然孵化的小鸡似乎要多花一天的时间。

第四，某些物种的孵化期只能通过观察野生鸟类获得。如果观察者看到雌鸟坐在巢中，通常会认为它已经开始孵化，然而，雌鸟可能是由于产卵，才在巢中卧着，而实际上它还没有开始孵卵，但观察者可能并不能明显地辨别出来。对于某些种类如猛禽，雌鸟在产下第一枚卵后就开始进行孵化，然后在孵化期间继续产卵并孵化，这导致雏鸟会在不同的时间出壳，这也使得它们准确的孵化期不好确定。

第五，北京动物园前任鸟类主管张敬有一些非常有趣的发现，为野生鸟类卵的发育时间提供了有趣的线索。2010 年研究小组使用袖珍温湿度记录仪（美国 Oneset Computer Corporation 的 HOBO RH/Temp 和 Stow Away TidbiT Temp Logger）对陕西长青保护区内的 3 只血雉雌鸟的野外孵化温度进行监测，测量雌鸟孵化温度和环境温湿度。通过对孵化数据的分析，发现一只雌鸟的孵化期为 30 天 20 小时，雌鸟的孵化温度在 30.44~37.54℃。在孵化期间雌鸟每天只离巢 1 次去取食，每次离巢时间在 4~7 小时。雌鸟离巢后，卵温度可下降至最低 4.92℃。在孵化机中，血雉卵通常经过平均 27.5 天后孵化出壳，但由野外的一只雌鸟孵化的卵却需要大约 30.8 天壳出。而在野外似乎还有其他雉类和秦岭的血雉一样，在孵化期间当雌鸟离巢取食时，卵因长时间被留在巢中而使卵的温度下降到很低。所以张敬的研究小组能够帮助我们理解为什么野外鸟类的孵化期会有显著的不同。

孵化问题解决对照表

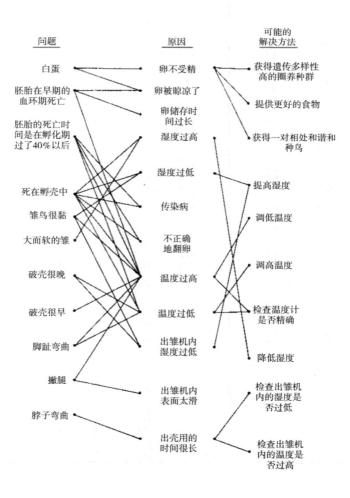

问题   原因   可能的
              解决方法

白蛋

胚胎在早期的
血环期死亡

胚胎的死亡时
间是在孵化期
过了40%以后

死在孵壳中

雏鸟很黏

大而软的雏

破壳很晚

破壳很早

脚趾弯曲

撇腿

脖子弯曲

卵不受精

卵被晾凉了

卵储存时
间过长

湿度过高

湿度过低

传染病

不正确
地翻卵

温度过高

温度过低

出雏机内
湿度过低

出雏机内
表面太滑

出壳用的
时间很长

获得遗传多样性
高的圈养种群

提供更好的食物

获得一对相处和谐和
种鸟

提高湿度

调低温度

调高温度

检查温度计
是否精确

降低湿度

检查出雏机
内的湿度是
否过低

检查出雏机
内的温度是
否过高

华氏度-摄氏度对照表

F	C	F	C	F	C
32.0	0.0	57.0	13.8	82.0	27.8
32.5	0.3	57.5	14.1	82.5	28.0
33.0	0.6	58.0	14.4	83.0	28.3
33.5	0.8	58.5	14.7	83.5	28.6
34.0	1.1	59.0	15.0	84.0	28.9
34.5	1.4	59.5	15.2	84.5	29.1
35.0	1.7	60.0	15.5	85.0	29.4
35.5	1.9	60.5	15.8	85.5	29.7
36.0	2.2	61.0	16.1	86.0	30.0
36.5	2.5	61.5	16.4	86.5	30.2
37.0	2.8	62.0	16.7	87.0	30.5
37.5	3.1	62.5	16.9	87.5	30.8
38.0	3.3	63.0	17.2	88.0	31.1
38.5	3.6	63.5	17.5	88.5	31.4
39.0	3.9	64.0	17.8	89.0	31.6
39.5	4.2	64.5	18.0	89.5	31.9
40.0	4.4	65.0	18.3	90.0	32.2
40.5	4.7	65.5	18.6	90.5	32.5
41.5	5.3	66.5	19.1	91.5	33.0
42.0	5.6	67.0	19.4	92.0	33.3
42.5	5.8	67.5	19.7	92.5	33.6
43.0	6.1	68.0	20.0	93.0	33.9
43.5	6.4	68.5	20.3	93.5	34.1
44.0	6.7	69.0	20.5	94.0	34.4
44.5	6.9	69.5	20.8	94.5	34.7
45.0	7.2	70.0	21.1	95.0	35.0
45.5	7.5	70.5	21.4	95.5	35.2
46.0	7.8	71.0	21.6	96.0	35.5
46.5	8.0	71.5	21.9	96.5	35.8
47.0	8.3	72.0	22.2	97.0	36.1
47.5	8.6	72.5	22.5	97.5	36.4
48.0	8.9	73.0	22.8	98.0	36.6
48.5	9.2	73.5	23.0	98.5	36.9
49.0	9.4	74.0	23.3	99.0	37.2
49.5	9.7	74.5	23.6	99.5	37.5
50.0	10.0	75.0	23.9	100.0	37.7
50.5	10.3	75.5	24.1	100.5	38.0
51.0	10.5	76.0	24.4	101.0	38.3
51.5	10.8	76.5	24.7	101.5	38.6
52.0	11.1	77.0	25.0	102.0	38.9
52.5	11.4	77.5	25.3	102.5	39.1
53.0	11.7	78.0	25.5	103.0	39.4
53.5	11.9	78.5	25.8	103.5	39.7
54.0	12.2	79.0	26.1	104.0	40.0
54.5	12.5	79.5	26.4	104.5	40.2
55.0	12.8	80.0	26.6	105.0	40.5
55.5	13.0	80.5	26.9	105.5	40.8
56.0	13.3	81.0	27.2	106.0	41.1
56.5	13.6	81.5	27.5	106.5	41.3

干球、湿球对照表

| Conversion Table | Wet-bulb reading - % Relative Humidity |

Wet Bulb Celsius	AVIAN				REPTILIAN										
	37.5	37.0	36.5	36.0	33.0	32.5	32.0	31.5	31.0	30.5	30.0	29.5	29.0	28.5	28.0
37.5	%	%	%	%	%	%	%	%	%	%	%	%	%	%	%
37.0	97														
36.5	93	97													
36.0	90	93	97												
35.5	87	90	93	97											
35.0	84	87	90	93											
34.5	81	84	87	90											
34.0	78	81	84	87											
33.5	75	78	81	84											
33.0	72	75	78	81											
32.5	69	72	75	78	97										
32.0	67	69	72	75	93	97									
31.5	64	67	69	72	90	93	97								
31.0	61	64	67	69	87	90	93	96							
30.5	59	61	64	66	83	86	90	93	96						
30.0	56	59	61	63	80	83	86	90	93	96					
29.5	54	56	59	61	77	80	83	86	90	93	96				
29.0	52	54	56	58	74	77	80	83	86	90	93	96			
28.5	50	52	54	55	71	74	77	80	83	86	89	96	96		
28.0	47	50	51	53	69	71	74	77	80	83	86	93	93	96	
27.5	45	47	50	52	66	68	71	73	77	80	83	89	89	93	96
27.0	43	45	48	51	63	65	68	70	73	77	79	86	86	89	93
26.5	41	43	45	48	60	62	65	67	70	73	76	82	82	85	89
26.0	39	41	44	46	58	60	62	64	67	70	73	79	79	82	85
25.5	37	39	41	44	55	57	60	62	64	67	70	76	76	79	82
25.0	35	37	39	42	52	54	57	59	62	64	67	72	72	75	79
24.5	33	35	37	40	50	52	54	56	59	62	64	69	69	72	75
24.0	31	33	35	38	47	49	52	53	56	59	61	66	66	69	72
23.5	29	31	33	36	45	46	49	51	53	56	58	63	63	65	69
23.0	27	29	31	34	43	44	46	48	51	53	55	60	60	62	65
22.5	25	27	29	32	40	42	44	45	48	51	52	57	57	59	62
22.0	23	25	27	30	38	39	42	43	45	48	50	54	54	56	59
21.5	22	23	26	28	36	37	39	41	43	45	47	52	52	53	56
21.0	20	22	24	26	34	35	37	38	41	43	44	49	49	51	53
20.5	18	20	22	24	31	32	35	36	38	41	42	46	46	48	51
20.0	17	18	21	23	29	30	32	33	35	36	39	43	43	45	48
19.5			18	20	27	28	30	31	33	36	37	41	41	42	45
19.0				18	25	26	28	29	31	33	34	38	38	40	42
18.5					23	24	26	27	29	31	32	36	36	37	40
18.0					21	22	24	24	27	29	30	33	33	34	37
17.5					19	20	22	22	24	27	27	31	31	32	34
17.0					17	18	20	20	22	24	25	28	28	29	32
16.5					15	16	18	18	20	22	23	26	26	27	29
16.0					14	14	16	16	18	20	21	24	24	25	27

术　语

第二性征　动物因性别的不同而表现出的不同特征，但不包括生殖器官及其相关的导管和腺体（例如雄鸟的肉垂；雌雄羽毛上的差异）。

激素　一种由体内的某一器官产生的物质，通过体内血液循环，来影响另一个器官。

间质细胞　睾丸内小细管之间的细胞。睾丸细管产生精子；间质细胞产生化学激素。

减数分裂　生殖细胞的特殊分裂，减数分裂使每个子细胞中只含有原细胞染色体数目的一半。

浆膜　浆膜与羊膜同时形成，浆膜形成以后与发育中的尿囊膜融合。

近亲繁殖　亲缘关系很近的几代个体间，如兄弟/姐妹、父亲/女儿等的交配。

精母细胞　生活在睾丸中许多休眠细管（曲细精管）中的众多细胞，精母细胞将发育成精子。

两性腺　原始的初级生殖器官，包含雄性和雌性生殖组织的成分。

漏斗部　鸟输卵管呈漏斗状的一端，漏斗部将接收从卵巢释放出来的卵黄。

卵巢　雌鸟的主要生殖器官，卵黄是在卵巢中形成的。

卵黄膜　卵黄周围的一层很薄的膜，或叫"外皮"。

卵母细胞　将发育成卵子的细胞。

卵系带　浓蛋白或稀蛋白的螺旋状结构，卵系带从卵壳的两端将卵黄悬浮在卵的中央。

囊　囊是鸟类身体组织中的空腔。未成熟鸟类的法氏囊是开口于泄殖腔的盲管，成年鸟类的法氏囊是关闭的。

囊胚　胚胎在发育早期被称为囊胚。

脑下垂体　大脑底部的一个小腺体。来自大脑的神经冲动的刺激使它产生能作用于其他内分泌腺体的激素。

尿膜　尿膜是在卵的发育过程中，雏鸡的各个器官最终形成之前，具有肺和肾功能的薄膜。尿膜由后肠生长出来，同时也是储存代谢废物的场所。

胚盘　由最初的受精卵经多次分裂而形成的，附在卵黄上的细胞盘，胚盘将发育成以后的雏鸟。

染色体　染色体是细胞核的重要组成部分，通常只在细胞分裂时成对呈线形排布。基因是遗传的物质，按一定顺序排列在染色体上。

生殖细胞　生殖器官内的细胞，能发育成受精卵，卵子和精子。

输卵管　卵黄从上到下被产出之前所经过的通道。在输卵管的上部，分泌的卵白包裹在卵黄外层，输卵管下部，分泌的物质形成卵膜和卵壳，被加在外层，输卵管末端开口于泄殖腔。

外翻 向外打开，或由里向外翻出。

细胞质 细胞内的液体成分。

细管 小的空心管。

显性基因 如果一个特征，如羽毛的颜色，在父母之间表现是不同的，后代的羽毛颜色只和父母中的一个相同，那么控制这种羽毛颜色的基因被称为显性基因，受抑制的羽毛颜色的基因被称为是隐性基因。

泄殖腔 肠的末端部分，来自肾脏和生殖器官的导管与之相连，也可以称作排泄孔。

心耳 通常称为心房。左右心房是心脏的腔室，接收静脉的血液，心房收缩将血液输送到心室，经心室的挤压血液被泵回周身循环。

心室 心脏的一个肌肉腔，将血液泵入动脉。哺乳动物和鸟类有两个心室，左心室将含氧量高的血液输送到身体，右心室将含氧量低的血液输送到肺部进行再充氧。

羊膜 卵发育过程中，将胚胎完全包裹在内的膜，羊膜将胚胎和羊水包围在其中，羊膜中的羊水不仅是水分的储存场所，还使发育中的胚胎能在其中自由地活动。

隐性基因 这个遗传因素，通常被一个更占优势的遗传因素所抑制。当父母双方都拥有这样的隐性基因时，后代会表现出这种基因控制的特征，而不是通常的特征。

印记 在雏鸟被孵化出壳后的最初几个小时里，雏鸟会忠实地跟随把它孵化出壳的雌鸟，把它认做是自己的妈妈。当没有亲生雌鸟时，雏鸟会对任何合适大小的移动物体留下印记，并跟随着它，无论它是母鸡还是人类。

有丝分裂　细胞的正常分裂和增殖，有丝分裂完成后每个子细胞与原始细胞相同。

远交　完全没有亲缘关系的种群中的个体与一个已经过度近亲繁殖种群中的个体之间的交配。增加近亲繁殖群体中的基因多样性。

致　谢

　　以下人员为本书英文最新修订版和中文版的出版提供了帮助，在此表示衷心的感谢：

　　Richard Edgell——提供了书中外来物种的孵化信息。理查德·阿智力（Richard Edgell）是 AB 孵化机生产公司现在的所有者和经营者，AB 孵化机生产公司最初由本书作者亚瑟·安德森·布朗（Arthur Anderson Brown）创建，后来由本书作者盖瑞·罗宾斯（Gary Robbins）继续运营。

　　John Corder——英文版修正稿的编辑和修改

　　Pat Corder——英文版修正稿校对

　　Brian Pillow——提供鹑类商业孵化场的相关信息

　　Dr. Charles Deeming——协助平胸鸟类的孵化

　　Jim Reeve of Avitronics——提供 Buddy Candler 品牌的相关数据

　　北京师范大学张正旺教授——中文版第一、二、三、六、八、十二章审校

　　北京动物园高级畜牧师张恩权——中文版第七、九、十、十一、十三章审校

北京动物园圈养野生动物技术北京市重点实验室高级兽医师贾婷——中文版第四、五章审校